청소년을위한
케임브리지 과학사 1
생물 · 의학 이야기

청소년을 위한 케임브리지 과학사 1
생물 · 의학 이야기

초판 1쇄 발행 2005년 12월 20일
초판 5쇄 발행 2012년 12월 10일

지은이 아서 셧클리프 외
옮긴이 조경철
펴낸이 이영선
펴낸곳 서해문집
이 사 강영선
주 간 김선정
편집장 김문정
편 집 허 승 임경훈 김종훈 김경란 정지원
디자인 오성희 당승근 안희정
마케팅 김일신 이호석 이주리
관 리 박정래 손미경

출판등록 1989년 3월 16일 (제406-2005-000047호)
주 소 경기도 파주시 문발동 파주출판도시 498-7
전 화 (031)955-7470 | **팩스** (031)955-7469
홈페이지 www.booksea.co.kr | **이메일** shmj21@hanmail.net

ⓒ 서해문집, 2005
ISBN 978-89-7483-267-4 43400
값은 뒤표지에 있습니다.

이 도서의 국립중앙도서관 출판시도서목록(CIP)은 e-CIP 홈페이지
(http://www.nl.go.kr/cip.php)에서 이용하실 수 있습니다.(CIP제어번호: CIP2005002461)

책상위 02

청소년을 위한
케임브리지 과학사
1

생 물 · 의 학 이 야 기

아서 섯클리프 외 지음
조경철 옮김

서해문집

머리말

　지은이 가운데 한 명이 젊은 날 케임브리지에서 과학 교사로 일할 때, 과학과 기술의 역사 속에서 신기한 사건이라든가 뜻밖의 발견에 관한 이야기를 모아 보자고 뜻을 굳혔습니다. 그 같은 이야기를 교육에 이용하면 수업 내용이 풍부해질 것이고, 학생들도 재미있어 하려니 생각했기 때문입니다.

　이리하여 틈만 나면 과학사에 관련된 이야기들을 모으는 즐거움이 시작되어, 그 뒤로 40년 동안이나 이 일이 계속되었습니다. 모아진 이야기들이 여느 사람들에게도 똑같은 즐거움을 주기를 바란 나머지, 자식들의 도움을 받아 출판을 준비했습니다.

　그 같은 정보를 모으기 위해서는 당연히 여러 종류의 다양한 자료를 참고해야 했습니다. 본인이 이용한 저작물의 지은이 여러분에게 진심으로 고마운 뜻을 전해 드리고자 합니다.

　그림도 이 책의 흥미를 크게 보태 주고 있는데, 이는 로버트 헌트 씨의 노작(勞作)입니다. 헌트 씨는 섬세하고 정확한 예술가로서의 기량을 참으로 능란하고 보기 좋게 결합해 주셨습니다.

이 밖에도 많은 인용문을 번역해 주신 G. H. 프랭클린 씨와 타자로 친 원고를 읽어 주신 L. R. 미들턴 씨, J. 해로드 씨, A. H. 브릭스 박사, R. D. 헤이 박사, M. 리프먼 양 등 많은 동료와 벗들에게 마음으로부터 고마움을 표하는 바입니다.

또 R. A. 얀 씨에게는 오랜 세월을 함께한 친근한 동료가 아니고는 도저히 불가능한, 신랄하면서도 건설적인 비평을 받아 특히 참고가 되었습니다. 인쇄 전 마지막 단계에서는 케임브리지 대학 출판부의 여러분이 매우 유익한 도움말과 아울러 수정하는 일을 도와 주셨습니다.

링컨에서 아서 셧클리프 & A.P.D. 셧클리프

차례

머리말   05

1. 마취의 시작   12

아산화질소의 마취 작용 | 웃기는 가스를 마시는 사람들 | 이를 뽑는 데 마취제를 쓰다
클로로포름의 마취 작용 | 무통 분만법의 탄생 | 빅토리아 여왕과 무통 분만법

2. 고명한 외과 의사와 악명 높은 국왕   28

앙브르와즈 파레 | 강아지로 만든 고약 | 성 바르톨로메오 날의 대학살

3. 캘커타와 수단의 검은 굴   38

벵갈의 영주, 캘커타를 공격하다 | '블랙홀' 속의 참상 | 영국군의 반격
코스티의 비극 | 이산화탄소와 열사병

4. 기적의 나무 껍질   50

백작 부인과 시녀 스마 | 베아트리츠의 질투 | 백작 부인의 가루약
사실 같은 이야기 | 전쟁 중의 키니네 연구

5. 천연두 이야기 62

제너의 스승은 우유 짜는 여자 | 제너의 종두 실험 | 종두법에 대한 논란
종두의 힌트는 어디에서

6. 뚜껑이 달린 위장 72

배에 생긴 총구멍 | 위 속을 들여다보다 | 위액의 작용

7. 약으로 쓰였던 석유 82

사업가 비슬과 '키어의 록 오일' | 실리먼 교수의 분석과 예언 | 석유 시추의 성공
진상을 찾아서 | 오일 러시에 불붙다

8. 기회는 준비한 사람에게만 온다 92

닭콜레라의 공포 | 우연한 기회, 우연한 발견 | 파스퇴르와 제너

9. 예방 접종의 공개 실험 100

파스퇴르, 탄저병 백신을 만들다 | 공개 실험에의 도전
파스퇴르의 위대한 승리 | 막대한 경제적 효과

10. 비타민의 위력 110

　　각기와 쌀밥 | 닭이 각기에 걸리다 | 죄수를 대상으로 한 실험
　　단백질 검출법의 우연한 실패 | 홉킨스의 신물질 실험 | 비타민의 존재가 확립되다

11. 페니실린, 그 우연한 발견 122

　　배양기에 섞여 들어간 곰팡이 | 곰팡이에서 페니실린으로
　　플로리의 페니실린 분리법 | 행운을 낳은 세 가지 요소

12. 국왕의 프리깃 함에 쫓기며 132

　　식물 분류의 확립자 린네 | 영국에 팔린 린네의 컬렉션 | 스웨덴 군함의 추적
　　린네 학회의 창립 | 사실은 추적당하지 않았다

13. 좀조개와 템스 터널 144

　　좀조개에서 얻은 힌트 | 빅토리아 여왕의 터널 구경

14. 워드의 식물상자 150

　　참새나방을 기르다가 | 식물상자 | 페루에서 전해진 킨키나나무

15. 도살장과 전장에서 비료가 나오다 158

뼈가 되면 아무 소용도 없다? | 누가 처음 뼈를 비료로 썼는가
과인산석회의 발명 | 사람의 뼈를 비료로 쓰다니

16. 문 받침대와 인산광 168

구아노와 인광석 | 문 받침대로 쓰인 인산석 | 낮잠 자는 버릇 때문에

17. 곰팡이와 감자 흉년 174

필 수상의 곡물 정책 | 에이레 사람들과 감자 | 무서운 감자 흉년
곡물법의 폐지와 필 수상의 사임 | 감자병의 원인은 곰팡이

18. 장난꾸러기 소년과 곰팡이 186

장난꾸러기와 길가의 포도나무 | 보르도액의 위력

19. 놀라운 우연의 일치 194

어린 개똥벌레 사냥꾼 | 갈라파고스 군도 | 지질학 원리와 인구론 | 다윈의 진화론
월리스의 진화론 | 동시에 발표된 두 개의 논문 | 서로를 칭찬하다

20. 인간—원숭이의 자손인가 천사의 후손인가   210

    다윈설에 대한 반론 | 헉슬리 · 윌버포스의 대결 | 청중의 반응
    디즈레일리의 공격 | 로마 교황, 진화론을 인정하다

21. 마다가스카르의 식인목   222

    식인목 이야기 | 이상한 나무들 | 식충 식물에서 얻은 힌트

22. 살아 있는 생물들의 복잡한 관계   232

옮긴이의 말   238

01

마취의 시작

아 산 화 질 소 의 마 취 작 용

웃 기 는 가 스 를 마 시 는 사 람 들

이 를 뽑 는 데 마 취 제 를 쓰 다

클 로 로 포 름 의 마 취 작 용

무 통 분 만 법 의 탄

빅 토 리 아 여 왕 과 무 통 분 만 법

　　　　　　19세기까지는 외과 수술을 받는 환자의 고통이 지금보다 훨씬 심했다. 환자의 의식을 잃게 하거나 잠들게 하는 물질이 하나도 알려져 있지 않았기 때문에, 통증을 없애기 위하여 인도산 대마(大麻)나 아편과 같은 소수의 약만이 쓰였다. 간혹 럼이나 브랜디 같은 알코올 음료를 대량으로 마시게 하여 환자를 취하게 하거나 혼수상태에 빠뜨리는 방법을 쓰기도 했으나 환자가 의식을 완전히 잃는 것은 아니어서, 수술을 하는 동안 팔 힘이 센 남자들이 환자를 꼼짝 못 하게 붙잡는 것이 예사였다. 통증의 충격은 심했고, 이 같은 쇼크로 죽는 환자도 많았다. 오늘날에는 마취제의 종류가 다양할 뿐 아니라 그 효과가 뛰어나, 이것을 사용하면 환자는 매우 깊은 잠에 빠지게 되고, 수술이 진행되는 동안 전혀 통증을 느끼지 못하게 되었다. 이러한 마취제가 인간에게 매우 긴요하게 쓰이기 시작한 것도 전적으로 우연한 발견에서 비롯되었다.

아산화질소의 마취 작용

　　18세기 말엽에 이르러 여러 가지 새로운 기체가 발견되었다. 과학자들은 이 기체의 성질을 연구하는 과정에서, '기체가 인간에게 혹시 어떤 효과를 미치는 것은 아닐까.' 하는 생각을 하게 되었다. 1798년에 여러 가지 가스에 대한 환자의 반응을 조사하는 연구소가 브리스틀에 설립되었고, 얼마 되지 않아 사람들은 새로운 '약용 공기'에 의한 치료를 이 연구소에서 받을 수 있게 되었다.

연구소의 초대 소장은 후일 영국의 지도적 과학자 중 한 사람이 된 험프리 데이비(Sir Humphrey Davy, 1778년~1829년)라는 청년이었다. 데이비는 소기(笑氣), 즉 아산화질소(N_2O)에 특별한 흥미를 가지고 있었다. 이 가스는 오늘날에도 치과 의사가 이를 뽑을 때 환자에게 코로 맡게 하기도 한다. 데이비는 아산화질소를 조금 만들어 자기가 맡아 보기도 하였는데, 그 경위는 다음과 같이 기록되어 있다.

나는 가스를 명주로 만든 주머니에 채운 다음, 미리 콧구멍을 막거나 하여 폐 속의 공기를 밖으로 토해 내지 않은 채 3쿼트(quart, 약 3.4ℓ)의 가스를 30초 이상 들이마셨다. 처음에는 현기증이 났으나 서서히 모든 감각을 잃고 마치 술에 취하기 시작하는 것 같았다. 그 다음에는 이 가스를 좀더 오랫동안 마셨는데, 이번에는 웃고 싶은 기분이 들면서 반짝거리는 점들이 빙빙 돌며 눈 앞을 지나가는 것처럼 보였다. 점점 의식을 잃어 가면서 즐거워지기 시작했고, 신비한 연상과 함께 변화무쌍한 관념의 세계 속으로 빠져들고 있었다.

이 연구소의 창설자인 토머스 베도스(Thomas Beddoes) 박사는 이 가스의 효과를 보다 부드러운 성격을 가진 여성에게 실험해 보기로 하였다.

　　그는 용기 있는 한 젊은 부인을 설득하여, 깨끗한 녹색 주머니 속에 든 아산화질소를 들이마시도록 하였다. 이 젊은 부인은 가스를 두서너 번 들이마시더니, 집 밖으로 뛰쳐나갔다. 그 자리에 있던 모든 사람들은 놀라지 않을 수 없었다. 그녀는 미친 듯이 호프 스퀘어로 달려가면서 길가에 있던 큰 개 한 마리를 뛰어넘었는데, 다행히도 그녀의 친구 가운데 가장 발이 빠른 사람이 전속력으로 쫓아가 붙잡았기에, 그녀는 멈출 수 있었다.

웃기는 가스를 마시는 사람들

　　이 가스를 들이마시면 기분이 좋아진다는 소문이 퍼지자 당장 많은 사람들이 연구소를 찾아왔다. 그 중에 몇 사람이 자신들의 체험을 써 놓은 것이 있다. 당시 이들은 모두 20대의 젊은이들이었으나, 훗날에 가서는 문학계에서 명성을 얻기도 하였다. 그 중 한 사람은 철학자이며 시인인 콜리지(Samuel Taylor Coleridge, 1772년~1834년)이고, 또 한 사람은 **계관 시인**이 된 로버트 사우디(Robert Southey, 1774년~1843년)였다.

계관 시인 이란?
17세기부터 영국 왕실에서 국가적으로 뛰어난 시인을 이르는 명예로운 칭호. 이들은 종신직의 궁내관으로서 국가의 경조에 공적인 시를 짓는 일을 하였다.

마취의 시작

콜리지는 가스를 들이마셨을 때의 체험을 다음과 같이 쓰고 있다.

처음으로 아산화질소를 마셨을 때, 나는 전신이 따뜻하고 무척 기분이 좋아졌다. 이것은 언젠가 눈길을 산책하다 돌아와서 따뜻한 방에 들어갔을 때 경험한 느낌과 비슷했다. 내가 하고 싶다고 느낀 동작은 오직 하나, 나를 보고 있는 사람들에게 웃어 보이는 일뿐이었다.

사우디는 이 '약용 공기'를 체험한 뒤 동생에게 다음과 같은 열광적인 편지를 썼다.

오, 톰! 데이비가 멋진 가스를 발견했단다. 산화인지 뭔지 하는 가스라는데, 나는 그것을 마셔 보았다. 그랬더니 금세 웃음이 터져 나올 것 같았고, 손가락 발가락 끝이 짜릿짜릿했단다. 데이비는 정말 새로운 즐거움을 발견했더구나. 이 즐거움을 뭐라고 해야 좋을지 표현할 말이 없구나. 오늘 밤에 나는 이 가스를 또 마셔 볼 생각이다. 그것은 사람을 강하게 하고 행복하게 만든다. 정말로 눈부실 만큼 행복하게 만드는구나. 천상의 공기란 것도 신기한 작용을 하는 이 기쁨의 공기와 똑같은 것이 아닐까.

마침내 데이비에 관한 평판이 온 런던 바닥에 퍼지자, 그는 1800년에 신설된 왕립 연구소의 강사로 임명되었다. 이 연구소에서는 일반인을 상대로 한 과학 강연이 자주 있었는데, 그는 강연에서 이 새로운 가스의 성질을 설명하고 청중 가운데 몇 사람에게 마시게 했다. 이 특별한 강연은 대단한 인기를 불러일으켰다.

한편, 다른 강사들은 가스의 성질을 실제로 이해시키기 위해, 가스를 채운 얼음주머니를 강의실에 모인 학생들에게 차례로 돌려가며 마시게 하였다. 이 때 어떤 일이 일어났는가를 학생 중의 한 명이 다음과 같이 적고 있다. ▪

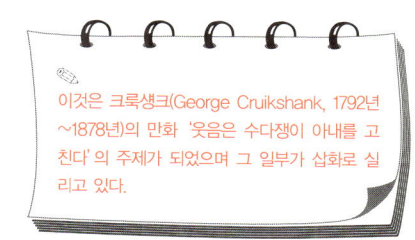

이것은 크룩섕크(George Cruikshank, 1792년 ~1878년)의 만화 '웃음은 수다쟁이 아내를 고친다'의 주제가 되었으며 그 일부가 삽화로 실리고 있다.

한동안 우리가 있던 강의실의 침묵을 깨뜨리는 것이라곤 가스를 들이마시는 사람들의 깊은 숨소리뿐이었다. 사람들은 모두 행복의 절정에 가까이 다가가고 있는 것처럼 보였다. 그들은 반복해 가면서 이것을 마셨는데 큰 방안에 가득 찬 사람들은 아무리 마셔도 부족한 양, 얼음주머니에서 연거푸 가스를 마셔 댔던 것이다. 이 광경은 정말 가관이어서 나는 배꼽을 쥐고 웃을 수밖에 없었다.

그들은 얼마 안 가서 황홀경에 빠져들었다. 어떤 사람은 얼음주머니를 갑자기 밀어젖히고 자신이 우스꽝스러운 모습을 하고 있는 것도 모른 채, 가쁜 숨을 몰아쉬고 있었다. 어떤 사람은 입을 멍청이 벌리고 코를 꼭 쥐고 있거나, 테이블이나 의자 위로 뛰어오르기도 하고, 즐곤 지껄여 대는 사람이 있는가 하면 또 어떤 사람은 분별 없이 마구 싸움을 걸기도 했다.

어떤 젊은 신사는 부인들에게 키스를 하려고 덤벼들기도 했는데 이

마
취
의

시
작

사나이는 가스를 거의 마시지 않고 자신이 하는 짓을 뻔히 알면서 그런 행동을 했다고 욕을 먹기도 했다. 몇 분이 지나서야 이 미치광이들은 모두 제정신으로 돌아왔다.

이를 뽑는 데 마취제를 쓰다

한동안 이 소기는 희한한 화학 물질로서, 장난감과 같은 취급을 당한다든가 아니면 '미치광이 파티'에만 쓰였다. 이 파티는 영국에서 대단한 인기를 끌었는데 수많은 손님들이 가스를 마시고 기분이 몹시 좋아져서 온갖 바보스런 짓을 저질렀다. 그러다가 결국은 난장판으로 이어져 세상 사람들의 손가락질을 받게 되었다.

이와 같은 모임은 미국에서도 베풀어졌다. 한 파티에 코네티컷 주의 치과 의사인 호레이스 웰스(Horace Wells, 1815년~1848년)가 참석했다.

그는 소기를 마신 한 젊은이가 벤치에 걸려 넘어져서 정강이가 벗겨진 것을 보게 되었는데, 그 젊은이는 자신이 다친 것을 조금도 느끼지 못하는 것 같았다.

웰스는 자신이 환자에게 미리 이 가스를 마시게 하면 이를 뺄 때에도 통증을 느끼지 않을 것이라고 생각하였다. 그는 잘 될지 어떨지 실험해 보기로 하고, 다른 사람에게 가스를 사용하기 전에 자신이 직접 환자가 되어 이 가스를 마시고 자신의 건강한 이 한 개를 뽑아 보았다. 그런데 통증이 전혀 없었다. 그는 "바늘로 찔린 정도의 아픔도

소기를
마시고 있는
사람들

느끼지 않았다."고 말하고 있다.

　이와 같은 무통 발치법의 소문이 퍼지자 웰스는 학생들 앞에서 이를 증명하는 실험을 하게 되었다. 그러나 불행하게도 그 때 환자에게 마시게 한 가스는 너무 약해서, 환자는 그만 이를 뽑기 전에 마취에서 깨어나 비명을 지르고 말았다. 그것을 보고 청중 가운데 어떤 사람은 그들이 일부러 장난하는 것으로 착각하고 크게 웃기도 했지만, 이 때문에 웰스는 사기꾼이라는 누명을 써야만 했다.

　그러나 이 실험은 기대하지 않았던 하나의 결과를 가져왔다. 마침 그 자리에 참석했던 모턴(William Thomas Green Morton, 1819년~1868년)이라는 치과 의사는 이 소기 대신 에테르를 사용할 것을 생각해 냈고, 이것을 환자에게 맡게 한 뒤 통증 없이 이를 뽑을 수가 있었다(1864년). 이

마
취
의
시
작

소식은 삽시간에 퍼져 마침내 에테르는 이를 뽑을 때뿐만 아니라 미국의 외과 의사가 수족을 자르는 대수술을 할 때에도 쓰이게 되었다.

클로로포름의 마취 작용

그 후 얼마 안 가서, 런던의 몇몇 외과 의사들이 에테르를 사용하기 시작했고 그 중의 한 사람이 행한 수술은 크게 화제에 올랐다. 이 소문을 듣고 에든버러의 외과 의사 심프슨(James Young Simpson, 1811년~1870년) 교수는 이 새로운 기법을 보기 위해 런던을 찾았다가 깊은 감명을 받고, 이를 분만의 고통을 더는 데에 사용할 수 있는지 검토했다. 그러나 에테르는 불쾌감을 주는 부작용이 있으므로, 그 대용품이 될 만한 것을 찾았다. 훗날 그는 이렇게 기술하고 있다.

작년 1월, 에테르를 맡는 것이 효과가 있다는 것을 안 다음부터 나는 얼마 안 가서 다른 약제에도 이 에테르가 쓰여지리라는 확신을 가지게 되었다.

그래서 그는 여러 가지 다른 물질을 테스트했는데 낮일이 끝나면 저녁식사에 친구들을 초대하여 그들을 상대로 실험을 해 보았다. 그는 언제나 실험하고 싶은 액체를 한 숟가락만 컵에 넣고, 이 컵을 놋대야의 뜨거운 물에 담갔다. 열로 말미암아 액체는 증기로 변해서 올라갔다. 심프슨과 친구들은 제각기 몸에 미치는 효과에 유의하면서, 천천히 증기를 들이마셨다.

1847년 11월의 어느 날, 다음과 같은 사건이 일어났다.

어느 날 밤 늦게 하루 일과를 끝내고 지쳐서 집으로 돌아온 심프슨 박사는 조수인 친구 키드 박사, 덩컨 박사와 식당 의자에 앉아서 새로운 연구를 시작하였다. 그들은 이미 많은 물질을 마셔 보았으나 별로 효과가 없었다. 심프슨은 클로로포름이라고 하는 무거운 액체를 실험해 보려고 생각했다.

이 액체는 1831년에 발견되었으나, 그 후 오랫동안 아무런 용도에도 쓰이지 못하고 있었다. 심프슨은 여러 개의 컵에다 클로로포름을 조금씩 붓고는 친구들에게 컵 가까이 코를 대고 증기를 마셔 보라고 했다.

그들은 지금까지 느껴 보지 못했던 상쾌한 기분에 사로잡혔다. 대단히 행복한 듯 눈은 빛나기 시작했고, 수다스러워진 데다가 말끝마다 이 새로운 액체의 향기를 칭찬하기에 바빴다. 대화는 이상하리만큼 지성에 넘쳐 있어 대화를 듣고 있던 사람들을 흠뻑 매료시켰다.

그런데 갑자기 통탕거리는 소리가 들렸고, 그 소리는 점점 커졌다. 그러다 한순간에 모두 조용해지더니 이윽고 쿵하는 소리와 함께 그들은 모두 마룻바닥에 넘어지고 말았다.

심프슨 박사가 눈을 떴을 때 처음 머리에 떠오른 것은 이 가스가 에테르보다 훨씬 강하고 또 잘 듣는다는 것이었다. 그는 자신이 마룻바닥에서 자고 있다는 것을 깨달았다. 그리고 친구들이 주위에 쓰러

클로로포름의
마취 작용

져 있는 것을 보고는 깜짝 놀라 어쩔 줄을 몰랐다.

　소리를 듣고 그가 주위를 돌아보니, 덩컨 박사는 의자 밑에서 입을 멍청히 벌리고 눈을 부릅뜬 상태에서 완전히 의식을 잃고, 목을 아래로 축 늘어뜨린 채 큰 소리로 코를 골고 있었다. 한편 또 다른 소리가 들려서 그 쪽을 돌아보니 키드 박사가 차려 놓은 저녁 식탁을 발로 걷어차 위에 있던 것을 모두 뒤엎으려는 것이었다.

　세 박사들은 완전히 회복된 다음, 자기들의 체험을 서로 이야기했다. 그들은 이구동성으로 이 물질을 마취제로 사용하면 좋겠다고 했고, 더 실험을 하기 위해 몇 번이고 마셔 보자는 데에 의견이 일치

했다. 이번에는 그들의 부인 중에 한 사람이 자원해서 테이블에 앉았다. 그들은 한 사람 한 사람씩 가스를 마셨는데, 준비한 클로로포름이 모두 바닥날 때까지 계속 마셨다.

그 날 밤 야단법석이 끝난 것은 이튿날 새벽 세 시경이었다. 그러나 이 시간의 절반 정도는 증기를 마시는 데 소비한 것이 아니라 얼마 남지 않은 클로로포름이 바닥났으므로, 그것을 좀더 잘 만들 수 있는 방법을 알아 내려고 책을 샅샅이 뒤지는 데 소비했다.

무통 분만법의 탄생

이 실험으로 클로로포름이 안전하고 적절한 마취제라는 확신을 갖게 된 심프슨 박사는 에든버러 왕립 병원에서 이를 실험하기로 하였다. 1847년 11월, 세 번의 작은 수술이 있을 예정이었다. 클로로포름을 실험하기로 한 최초의 환자는 하이랜드에 사는 4~5세 가량의 소년이었는데 상한 팔의 뼈를 잘라 내지 않으면 안 되었다.

소량의 클로로포름을 손수건에 적시고 소년의 얼굴에 덮는 간단한 방법으로 마취가 이루어졌다. 이 마취제는 소년의 경우 외에도 그 날 수술을 받은 다른 두 환자에게서도 놀라운 성공을 거두었다.

그 후 심프슨 박사는 분만의 고통을 덜기 위해 클로로포름을 사용해 보기로 결심했다. 최초의 환자는 동료 의사의 딸이었다. 클로로포름을 사용해서 반마취 상태로 만드는 방법은 놀라운 성공을 거두었

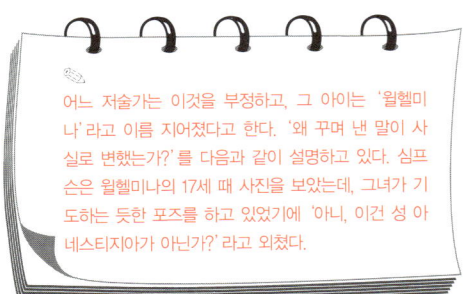

어느 저술가는 이것을 부정하고, 그 아이는 '윌헬미나'라고 이름 지어졌다고 한다. '왜 꾸며 낸 말이 사실로 변했는가?'를 다음과 같이 설명하고 있다. 심프슨은 윌헬미나의 17세 때 사진을 보았는데, 그녀가 기도하는 듯한 포즈를 하고 있었기에 '아니, 이건 성 아네스티지아가 아닌가?'라고 외쳤다.

으므로, 그 산모는 무통 분만법을 기념하여 신생아에게 마취라는 뜻의 '애니스티지아'라는 이름을 지어 주었다고 한다.▪ 이것이 사실인지 거짓인지는 알 수 없으나, 아무튼 이 출산은 클로로포름을 사용하는 무통 분만법을 확립하는 데에 크게 공헌하였다. 그로부터 11일이 채 지나지 않은 사이에 심프슨은 50여 회의 분만에 이것을 사용하였다.

한편 클로로포름을 마취제로 사용하는 데는 많은 비판의 소리도 있었다. 의학 관계자들 뿐만 아니라 마취제를 사용하는 것, 특히 분만의 고통을 덜어 주는 일은 성서에 위배된다고 생각하는 사람일수록 강력히 비난하고 나섰다. 그 당시의 많은 사람들은, 하느님은 우리네 인간이 때로는 고통을 받도록 만드셨으며, 설령 그렇지 않더라도 하느님은 우리를 지금의 우리와는 다른 피조물로 만드셨을 것이라고 믿고 있었다. '너는 아기를 낳을 때 몹시 고생하리라.'는 구절을 중심으로 한 '최초의 저주'에 관한 창세기 제3장에서의 인용이 반대론의 주된 골자였다. 그러나 심프슨 박사측도 또한 성서를 인용하여 클로로포름 사용의 정당성을 뒷받침하였다.

어떤 종교상의 근거에서 단지 연약한 여성을 육체의 고통으로부터 구원하기만을 위해 인공적인 마취에 의한 무의식 상태를 만들어서는 안 된다고 역설하는 사람들은, 우리 눈앞에 가장 위대한 실례가 놓여 있는 것을 잊고 있다. 나는 인간이 행한 최초의 외과 수술의 준비와 상세한 모습을 묘사한 저 특이한 기술에 관해 말하고 있는 것이다. 그것은 창세기 제2장 21절에 실려 있다.

야훼 하느님께서 아담을 깊이 잠들게 하신 다음, 아담의 갈빗대를 하나 뽑고 그 자리를 살로 메우시고……

빅토리아 여왕과 무통 분만법

1853년, 영국에서 가장 신분이 높은 어머니, 빅토리아 여왕(Alexandrina Victoria, 1819년~1901년)은 리오폴드(Leopold) 왕자를 낳을 때 클로로포름을 사용하였다. 우명한 스노우(John Snow, 1813년~1885년)박사가 이 액체를 손수건에 몇 방울 적시어 여왕의 코 가까이에 댔다. 그는 일정한 간격을 두고 이를 한 시간 가까이 반복하였다.

여왕의 주치의인 제임스 클라크 경은 훗날 심프슨에게 이렇게 편지를 썼다.

여왕께서 지난번 출산 때 클로로포름을 맡으셨습니다. 그것은 놀라운 작용을 나타냈는데, 여왕께서는 한 번도 의식을 잃지 않을 만큼 그것을 강하게 맡으신 적은 없었습니다. 폐하께서는 이 효과에 대단히 만족하셨는데 아마 이것을 사용하지 않았더라면 이처럼 빨리 회복하시

마취의 시작

지 못했을 것입니다. 1857년 4월 14일 여왕께서 베아트리스(Beatrice) 왕녀를 출산하실 때에도 다시 클로로포름을 사용했습니다. 클로로포름은 다시금 자비로운 효능을 나타내어 여왕께서는 또 한 번 만족스러운 뜻을 표명하셨습니다.

부인들이 여왕의 무통 분만법을 많이 따라하게 되어 클로로포름을 사용하는 분만법은 급속히 보급되었다. 스노우 박사의 봉사는 사방에서 대단한 인기를 얻었으며, 재미있는 일화도 많이 있었다.

어떤 환자는 클로로포름을 마신 뒤 흥분해 있는 동안 몹시 수다스러워지더니, 여왕께서 클로로포름을 맡고 있는 동안 무슨 말을 했는지 이야기해 주지 않으면 이젠 더 이상 이것을 마시지 않겠다고 고집을 부렸다. 스노우 박사는 대답했다.

"지난번 여왕 폐하께서는 지금의 당신보다 이것을 더 오래 들이마실 때까지 아무런 질문도 하지 않으셨습니다. 당신도 여왕께서 하신 것처럼 좀더 마시기를 바랍니다. 그러면 무엇이든 다 이야기해 드리지요."

환자는 클로로포름을 조금 더 마신 뒤 불과 몇 초 안에 여왕의 일도 귀족의 일도 평민의 일도 몽땅 잊어버리고 말았다. 그녀가 의식을 되찾았을 때, 스노우 박사는 그녀의 궁금증에 대한 갈망이 다시금 그녀의 혀끝에서 맴도는 것을 모른 체하고 집으로 돌아왔다.

심프슨이 클로로포름의 효과를 실험한 것은, 그것이 다른 액체와 별반 다를 것이 없고, 어떤 반응이 일어나는가를 알아보던 중 우연히 일어난 일이었다고 기록하고 있다.

한편, 이에 앞서 데이비드 월디(David Waldie)라는 화학자가 그에게 클로로포름에 마취성이 있을지도 모른다고 시사했다는 말이 있다. 실제로 심프슨 이전에 다른 사람이 동물이나 아니면 인간으로 하여금 클로로포름을 맡게 했다는 것도 충분히 있을 수 있는 일이다. 심프슨 탁사의 공적은 식당에서의 실험이나 하이랜드의 소년에게 행했던 모험적인 수술에만 있는 것은 아니다. 그것은 오히려 클로로포름의 사용을 반대한 ز 분야의 수많은 사람들에게 정력적으로 대항한 데에 있었다. 이런 점에서 그는 대성공을 거둔 것이며 이 점이 바로 그가 클로로포름의 사용을 추진하는 싸움에서 승리를 거둔 원동력이 되었음은 의심의 여지가 없다.

02

앙브르와즈 파레

고명한 외과 의사와
악명 높은 국왕

강아지로 만든 고약

성 바르톨로메오 날의 대학살

마취제가 쓰이게 된 덕분에 외과에서의 수술 방법은 크게 달라져, 오늘날에는 환자가 수술을 받는 동안 통증을 느끼지 않아도 되고, 외과 의사는 그 복잡한 일을 끝까지 마무리지을 수 있을 만큼 충분한 시간을 갖게 되었다.

다음 장의 그림은 마취가 사용되기 전 시대의 절단 수술 장면을 보여 주고 있다. 한 남자가 환자의 어깨를 누르고, 또 한 사람은 쇠사슬로 수술대에 묶여 있는 다리를 꽉 붙잡고 있다. 외과 의사는 톱으로 서둘러 수술을 하지 않으면 안 되었다. 앞쪽에 보이는 것이 환부를 지지는 인두인데, 이것으로 상처가 난 자리를 지져 혈관에서 나오는 피를 멎게 하였다.

전쟁터에서는 으레 절단 수술을 자주 하게 마련인데, 그것도 수송력이 충분하지 않기 때문에 당장 그 자리에서 하지 않으면 안 될 경우가 많았다. 이런 중세의 수술 방법은 거칠기 짝이 없었고 또한 임시변통의 수단에 지나지 않았다. 더군다나 총상 처치법은 그 때까지도 충분히 연구되어 있지 않아, 총탄이 총신에서 튀어나올 때는 몹시 뜨겁기 때문에 이것에 맞으면 근육이 심한 화상을 입는 줄로 믿어 왔다. 또한 상처에 화약이 들어가면 독이 퍼진다고 믿었으므로 우선 상처에 쐐기를 틀어넣어 환부를 벌리고 끓인 기름을 흘려 넣는 것이 일반적

부상당한 병사를 치료하는 파레

인 처치법이었다. 이렇게 하면 혈액중독이 예방되고, 상처의 살이 기름으로 덮여 외부 공기로부터 차단된다는 것이었다.

　당시의 군대는 병사들의 부상에 대처하는 준비를 거의 하지 못하고, 친절한 의사나 외과 의사가 전쟁터까지 따라가서 부상당한 병사들로부터 돈을 받고 치료해 주는 것이 고작이었다.

앙브르와즈 파레

앙브르와즈 파레(Ambroise Pare, 1510년~1590년)가 의사 자격을 얻은 것은 1537년이었다. 그 무렵 프랑스는 토리노(Turin) 시와 전쟁을 하고 있었는데 파레는 진격하는 군대를 따라 토리노 점령시로 들어갔다. 프랑스군은 시내로 들이닥쳐 승리감에 도취된 채 마구 약탈을 일삼았다. 파레가 이 전투의 양상을 기술하는 것에 의하면 당시 부상자들이 어떻게 취급당했는지를 생생하게 알 수 있다.

한번은 파레와 몇몇 병사들이 그 날 밤 자기들의 말을 매어 놓으려고 마굿간에 들어갔는데, 그 속에는 네 명의 전사자와 중상을 입은 세 명의 병사가 있었다. 파레는 그 광경을 이렇게 적고 있다.

내가 그들을 가련한 눈초리로 바라보고 있는데 늙은 병사 하나가 곁으로 다가오더니, 저들을 치료할 방법이 없겠느냐고 물었다. 내가 어렵다고 대답하자 그 늙은 병사는 중상자 쪽으로 가더니 침착하게 그들을 죽여 버렸다. 나는 그에게 "당신은 악당이오." 했더니, 그는 "만일 자기가 그와 같은 곤경에 처했다면 오랫동안 고생하지 않도록 누군가에게 같은 짓을 해 달라고 하느님께 기도했을 것이오." 라고 하였다.

그 전투는 처절했고 많은 부상자가 속출했다. 그래서 파레는 평소에 배운 대로 상처를 쐐기와 클립으로 벌리고 그 자리에 당밀을 섞어 끓인 기름을 흘려 넣었다. 그러나 부상자들이 점점 많아지자 그들을 다 처치하기도 전에 끓인 기름은 동이 나 버리고 말았다. 파레는 충분한 준비도 없이 전장에 온 것을 병사들한테 눈치채이기보다는 낫다 싶어 그 뒤부터는 소화불량에 쓰는 혼합물을 사용하였다. 그것은 달걀 노른자, 장미 기름, 테레빈 유를 섞어서 만든 것인데 파레는 이것을 끓이지 않고 상처에 부었다. 파레는 자신의 체험을 이렇게 쓰고 있다.

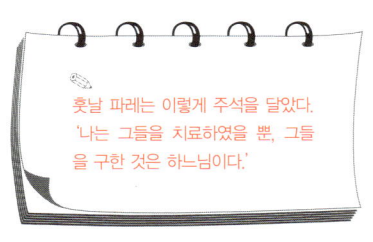

훗날 파레는 이렇게 주석을 달았다. '나는 그들을 치료하였을 뿐, 그들을 구한 것은 하느님이다.'

그 날 밤 나는 끓인 기름을 사용하지 않은 것이 마음에 걸려 편히 잘 수가 없었다. 부상자들이 상처에 독이 퍼져 죽지나 않을까 두려운 마음으로 다음 날 아침 일찍 일어나 그들을 살펴보았으나 예상과는 달리 내가 약을 발라 준 사람들은 거의 통증을 느끼지 않았고, 전날 밤에 그런대로 잠을 잤다는 것도 알 수 있었다.

반면에 끓인 기름을 사용한 다른 부상자들은 몹시 열이 나고 아팠으며 상처의 언저리는 부어 있었다. 그래서 나는 이제부터 총상을 입고 고통스러워하는 사람들에게 끓인 기름을 부어 화상을 덧입히는 짓은 결코 하지 않기로 결심했다.

강아지로 만든 고약

이리하여 파레는 전장에서 우연히 바른 차가운 기름이 끓인 기름보다 낫다는 것을 발견하였고, 이 전쟁이 끝나자 그는 어느 유명한 외과 의사를 찾아가 그를 설득하여 새로운 고약 제조법을 배우게 되었다.

그는 나에게 강아지 2마리, 지렁이 450g, 백합 기름 900g, 테레빈유 170g, 알코올 28g을 준비하라고 하였다. 그는 내가 보는 앞에서 강아지를 통째로 삶아 살을 발라 냈다. 그리고 나서 지렁이를 죽여 포도주로 씻어 낸 다음 개고기에 섞었다. 이것을 기름에 끓여 즙액을 완전히 걷어 낸 다음, 그 기름을 수건으로 거르고 테레빈유를 섞고 알코올을 첨가하였다. 그 일이 끝나자 그는 나에게 이 귀한 선물을 건네주었는데 나는 그것을 가지고 파리로 돌아왔다.

강아지 기름으로 고약을 만드는 것이 지금 생각해 보면 우스꽝스럽겠지만, 400년 전에는 고약이나 마시는 약들이 대개 이처럼 기묘한 재료로 만들어졌다.

파레는 또 수족을 절단한 다음의 후속 처치법을 개량하기도 했는데 그 자신이 쓴 바에 따르면, 젊은 날에 종군 외과의로 근무하면서 더·소규모의 전투, 기습 또는 마을이나 요새의 포위 공격 따위의 현

마취가
쓰이기 전의
절단 수술

장에 있었기 때문에 수족을 절단하는 수술에는 꽤 익숙해져 있었다.
그도 아주 젊었을 때에는 당시 외과 의사들이 흔히 쓰는 방법을 따랐
었다. 이 경우에는 뜨거운 열 때문에 살이 부풀어올라 과도한 출혈을
막을 수 있었다. 그러나 그는 보다 좋은 방법을 찾아 내어, 다른 외과
의사들에게 다음과 같은 충고를 하게 되었다.

"수족을 절단한 다음, 피를 멎게 하는 데에 뜨거운 인두를 사용하지 말 것. 그렇게 잔인한 짓보다, 혈관을 묶어줌으로써 훨씬 가벼운 통증만으로 출혈을 막을 수 있는 쉽고 확실한 방법이 있다."

성 바르톨로메오 날의 대학살

1552년, 외과 의사로서 파레의 명성이 널리 알려지자, 프랑스 국왕 샤를 9세(Charles IX, 1550년~1574년)는 자신의 하찮은 상처가 덧나 위험한 지경에 이르렀을 때, 파레로 하여금 그 치료를 맡게 하였다. 그의 치료는 매우 성공적이었고, 그 해에 그는 왕실 외과 의사로 임명되었다. 국왕 샤를 9세는 당시 매우 어려서 모든 것을 가톨릭 신자였던 어머니 카트린(Catherine de Médicis, 1519년~1589년)이 시키는 대로 하고 있었다.

프랑스에서는 다년간에 걸쳐 가톨릭과 개신교■ 사이에 격렬한 종교 전쟁이 계속되고 있었다. 1572년에 겨우 싸움이 끝나고, 샤를의 누이동생과 위그노의 지도자 나바르 왕과의 결

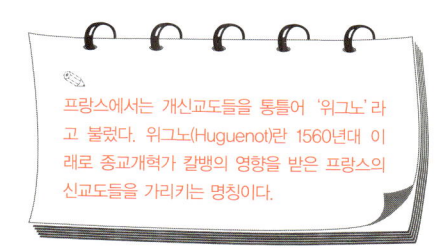

프랑스에서는 개신교도들을 통틀어 '위그노'라고 불렀다. 위그노(Huguenot)란 1560년대 이래로 종교개혁가 칼뱅의 영향을 받은 프랑스의 신교도들을 가리키는 명칭이다.

혼이 결정되기에 이르렀다. 파리는 온통 결혼식에 초대받은 손님으로 들끓고 있었다. 간교한 카트린은 이 때야말로 개신교도들을 몰아 낼 좋은 기회라고 판단하고 어린 왕을 설득하여 그 때 파리에 와 있던 위

그노들을 교회에서 올리는 종소리를 신호로 모조리 학살하라는 명령을 내리게 하였다.

성 바르톨로메오의 날(8월 24일) 아침 종이 울리자 불과 몇 시간 사이에 수천 명이 넘는 개신교도들이 어떤 신분에 관계 없이 국왕의 부하들에 의해 살해되었다. 실제로 국왕조차 이 잔인한 광경에 이성을 잃고 "저놈들을 죽여라, 놈들을 죽여라." 하고 외치면서 달아나는 위그노들을 향해 발포했다고 전해진다.

살육의 현장에서 극히 소수의 개신교도만이 겨우 살아남게 되었는데 그 중에는 나바르 왕과 또 한 사람의 왕족이 포함되어 있었다. 두 사람은 신앙을 개종하겠다는 서약을 했으므로 학살이 끝날 때까지 안전한 곳에 숨겨졌다.

위그노였던 파레도 국왕에게 호출되어 신앙을 바꾸도록 명령받았으나 파레는 이를 거부하고 자기가 왕실 외과 의사에 임명되었을 때 국왕이 미사에 가기를 강요하지 않겠다고 한 약속을 상기시켰다.

샤를 9세는 세계 의학계에 커다란 공헌을 할지도 모르는 인물을 죽인다는 것은 무분별한 짓이라 생각하고 그의 목숨만은 살려 주었다. 파레는 주위가 완전히 조용해질 때까지 자기 방에 은신해 있을 것과, 어느 누가 살인을 목적으로 그의 방에 침입하면 옷장 속에 숨으라는 명령을 받았다. 이렇게 살아남은 파레는 샤를의 후계자뿐 아니라 자기와 같은 위그노의 학살을 선동한 카트린에게까지도 외과 의사로서 성실하게 봉사했다.

일찍이 파레를 세계 의학계에 공헌할지도 모르는 인물이라고 평한 프랑스 왕의 생각은 곧 현실로 드러났다. 그의 명성, 왕실 외과의로서의 지위, 그의 교육 경험, 널리 읽혔던 그의 저서는 상처를 치료할 때 통증을 덜어 주는 고약이나 차가운 기름을 사용하는 방법을 널리 퍼뜨리는 데에 크게 공헌하였다.

파레가 젊은 종군 외과 의사로서 최초의 전투에 참가했을 때, 만일 끓인 기름이 바닥나지 않았더라면 이 치료법의 개발은 훨씬 늦어졌을지도 모른다.

벵갈의 영주, 캘커타를 공격하다

03

캘커타와 수단의 검은 굴

'블랙홀' 속의 참상

영국군의 반격

코스티의 비극

이산화탄소와 열사병

인도의 갠지스 강 연안에 있는 캘커타는 1,000만이 넘는 인구를 가지고 있는 거대한 도시이다(2005년 현재). 한때 그 곳은 인도의 수도이기도 했으나 이 도시가 생기고 번영한 것은 주로 영국이 세운 동인도회사의 모험적인 상인들 덕분이었다.

이 회사는 엘리자베스 1세의 통치 말엽에 설립되었는데, 그 시절은 영국이 스페인의 무적함대, 아르마다(Armada)와 싸워 대승리를 거둔 결과 영국의 선원들이 인도와 같은 먼 미개발 국가들과 서로 안전한 항해를 하면서 무역을 할 수 있게 된 때였다.

1686년, 컬커타는 아주 작은 마을에 불과했다. 그 해에 동인도회사 지배인 중의 한 사람이 이 곳에 무역센터를 세우게 되었는데, 이 회사는 위치를 잘 잡은 덕분에 센터의 규모와 그 중요성이 급속히 증대되었다. 마을의 한 쪽이 강이라는 천연의 방벽을 이루어 그 반대쪽 육로로부터의 공격은 토담으로 요새를 쌓기만 해도 쉽게 막을 수 있었다. 그는 추장으로부터 그것을 세울 허가를 받고 1696년에 윌리엄이라는 요새를 완성했다.

벵갈의 영주, 캘커타를 공격하다

　　1756년에 젊은 다울라(Surajah Dowlah)는 벵갈 지방의 영주가 되었다. 그 무렵 캘커타의 무역은 연간 100만 파운드를 넘었는데, 영주는 그 자리에 오르자 즉시 벵갈에 사는 영국인들에게 싸움을 걸 구실을 찾았다. 어쩌면 그는 캘커타에 막대한 부가 집중되어 있다는 소문에 크게 자극을 받았는지도 모른다.

　　그 해 6월, 그는 막강한 병력 — 대략 80문의 대포와 5만의 병사 — 으로 캘커타의 공략에 나섰다. 캘커타가 요새화되어 있기는 하였으나 정규 수비 병력은 불과 250명 정도여서 그 공략은 영주의 대군에게는 마치 어린아이의 손목을 비트는 정도에 불과했다.

　　영주의 부대가 시의 외곽에 도착하기 전, 유럽 사람들은 부녀자와 어린이의 대부분을 배에 태워 안전한 강으로 대피시켰다. 시의 방위 시설이 점차 파괴됨에 따라, 나머지 사람들도 총독이나 건장한 남자들과 함께 대부분 배로 도망쳤다. 나머지 방위대는 젊은 시의원 흘웰(J. Z. Holwell)의 지휘 아래 결연한 의지로 영주의 부대에 맞서 싸웠지만, 그들은 쉴새없는 싸움으로 거의 죽을 지경으로 지쳐 있었다.

　　영주의 군대를 시내로 한 발짝도 들여놓지 않으려는 필사적인 노력에도 불구하고, 그들의 힘은 쇠진하여 여자 한 사람을 포함한 146명이 항복을 하고 말았다. 영주는 그 날 밤 포로들을 안전한 곳에 가두어 놓도록 명령하고 포로들의 지휘자에게 이르기를 '당신이나 당신의 머리털 한 올조차' 해치는 일이 없을 것이라고 약속했다.

'블랙홀' 속의 참상

　포로들은 요새 안에 설치된 감옥에 갇혔다. 이 감옥이 정확한 크기나 위치는 사건이 있은 지 몇 해 후에 부숴 버렸기 때문에 아직껏 알려져 있지는 않지만 추측컨대 그것의 길이는 약 6m, 폭은 4m로, 베란다의 아치를 두 개의 벽으로 나누어 막고 나쁜 짓을 한 병사를 감금하는 특별실로 꾸민 모양이었다. 그림에서 보면 아치를 메워 막은 벽에는 작은 창살이 달린 창이 나 있어서 약간의 햇볕을 받고, 겨우 환기만 될 정도였다. 병사들은 훨씬 전부터 이 방을 '블랙홀'이라고 부르고 있었다.

　포로들은 이 '검은 굴' 속으로 들어가라는 명령을 받았으나, 146명이나 되는 인원이 들어가기에는 터무니없이 좁아 완강히 거부했다. 그러나 영주의 병사들은 곤봉과 반월도를 휘두르며 그들을 억지로 밀어넣고는 문을 닫아 버렸다.

　그 뒤에 어떤 사태가 일어났는가는 몇 해 뒤 영국 하원에 보내진 보그서에 상세히 기술되어 있다. 그러나 여기에는 이 사건이 있은 지 2년 뒤에 출판된 흘웰의 저서에서 발췌하여 싣기로 한다.

　친구여, 상상해 보라. 계속되던 싸움에 지칠 대로 지친 몸으로 고작

6m의 입방체 안에 빈틈없이 밀어넣어진 채, 벵갈의 찌는 듯한 밤을 새워야 하는 146명의 불쌍한 포로들을! 바람이 들어오는 구멍이라고는 날카로운 창살이 달린 두 개의 창뿐이어서 신선한 공기는 지극히 부족할 수밖에 없었다.

사람들은 닫힌 문을 열려고 안간힘을 썼으나 바깥으로 굳게 자물쇠가 걸려 있는 문을 어찌할 수 없었다. 그들은 보초를 서는 병사에게 뇌물을 주고, 이 방은 너무 비좁아서 이렇게 많은 사람들이 들어갈 수 없다는 것을 영주에게 말해 달라고 사정했다. 그러나 영주는 이미 잠자리에 들었고, 보초는 영주의 잠을 깨우는 것이 두려워 보고조차 하지 않았다.

포로들은 갇힌 지 불과 몇 분 지나지 않아 모두 비지땀을 흘리기 시작했다. 목이 몹시 말라 오자 그들은 어떻게 하면 좀더 넓은 공간에서 신선한 공기를 마실 수 있을까 궁리했다. 틈새를 조금이라도 더 넓히자면 입고 있는 옷을 벗어야 한다는 의견이 나오자 남자들은 당장 옷을 모두 벗었다. 또한 공기의 순환을 위하여 모자를 휘겼기도 하고, 앉아 있는 것이 견디기 힘든 몇몇 사람들은 일어서려고도 하였다. 그러나 대부분은 일어서 있을 때처럼 발을 움직일 수 없었으므로 곧 쓰러지고 말았고, 어떤 사람들은 일어설 수조차 없이 질식하거나 죽게 되었다.

갇힌 지 두 시간 이상 지나자 갈증은 극심해졌다. 악취가 진동하여 숨을 쉬기조차 어려웠고, 방의 한가운데에 있던 사람들은 서서히

미치광이로 변해갔다. "물을 주시오, 물!" 하고 입을 모아 소리쳤다.
보초 하나가 이들을 불쌍히 여겨 물을 담은 가죽주머니를 창살 사이
에 끼워 놓았다. 지옥 같은 상황을 겪고 살아남은 사람의 증언에 따르
면 이렇다.

우리가 그것을 보았을 때 얼마나 흥분했고, 얼마나 아우성을 쳤는지
는 말로 다 표현할 수가 없다. 우리는 모자를 사용하여 겨우 창살 틈
을 통해 가죽주머니를 안으로 끌어들였다. 감옥 안은 즉시 격렬한 싸
움이 벌어져 아수라장이 되고, 그것이 누구인가의 입술로 다가갔을
때 물은 이미 한 잔 정도밖에는 남아 있지 않았다. 이 정도의 물은 오
히려 불에다 기름을 붓는 것과 같아서 갈증을 더 부추기는 꼴밖에 되

지 않았다.

한밤중까지 살아 있던 사람들도 대부분 미치광이가 되었고 그 뒤 몇 시간 사이에 포로들은 차례차례 죽어갔다.

영국군의 반격

다음 날 아침 벵갈의 영주는 이 비극적인 사건을 듣고 즉시 갇힌 사람들을 풀어 주도록 했다. 아침 여섯 시가 되자 흘웰은 감옥 문이 열리는 것을 보았다. 감금된 지 약 11시간이 지난 뒤였다. 그는 훗날 이렇게 쓰고 있다.

신선한 공기를 마시고 나니 정신이 들었다. 문을 열었던 간수가 가고 난 뒤 몇 분이 지나자 나는 시각과 그 밖의 감각을 회복할 수 있었다. 그러나 주위의 그 참담한 모습을 둘러보았을 때, 나의 마음이 얼마나 아팠는지 그것을 낱낱이 당신들한테 말하기 위해 어떤 말을 골라야 할지 모르겠다. 살아남은 사람 가운데 가장 건장했던 사람이라 해도 이미 기진맥진해 있었기 때문에 문 앞에 겹겹이 쌓인 시체를 밀어젖히기도 힘들 정도여서, 우리가 겨우 통로만 만들어 한 사람씩 밖으로 빠져나가게 되기까지는 20분도 더 걸렸다.

이 방에 갇혔던 146명 중에 살아 나온 사람은 여자 한 명을 포함해서 겨우 스물세 명뿐이었고, 그렇게 죽은 사람들의 시체는 아무렇게나 판 구덩이 속에 던져서 흙에 묻혀 버렸다.

이 끔찍한 사건이 전해지자 영국의 국민들은 치를 떨며 소리 높이 복수를 외쳐 댔으며, 영국은 로버트 클라이브(Robert Clive, 1725년~1774년)와 와트슨 제독이 이끄는 원정군으로 공격을 개시하여, 1757년 1월에 캘커타 시를 탈환했다. 1년 후에 영주의 군대는 플래시에서 참패를 당하고 영주는 변장을 하여 용케 도망쳤으나, 후에 영주로부터 몹시 잔혹한 형벌을 받았던 적이 있는 어떤 사나이한테 살해되었다고 한다.

그 후 세월이 얼마쯤 지나자, 이 비극의 요인에 몇 가지 오해와 와전도 한몫 거들었다는 것이 밝혀졌다. 146명이나 되는 유럽인 포로들을 그 날 밤 갑자기 한 곳에 수용한다는 것은 생각보다 쉬운 문제가 아니었던 모양이다. 적당한 장소를 찾아보았으나 마땅한 곳이 없었다.

그 때, 영국인들이 감옥으로 사용했던 장소가 있다는 정보가 들어왔다. 영주는 더 이상 알아보지도 않고 포로들을 모조리 그 속에 가두고 말았다. 그런데 불행하게도 그 곳은 '블랙홀'이라고 불리는 곳으로, 통풍이 나쁘고 비위생적이며 아주 작은 토굴이었다. 일찍이 영국인들은 수바다르의 관리들에게 이 곳이야말로 감금하기에 가장 적합한 장소라고 했는데, 영국인들은 자신의 거짓말에 대한 응분의 대가를 치른 격이 되고 말았다.

코스티의 비극

이 일이 있은 지 200년 후에 아프리카에서도 똑같은 사건이 일어나 189명이 죽었는데, 하르툼 남쪽 320km에 위치한 푸른 나일 지방의 마을 코스티가 그 무대였다.

1956년 2월, 한 농업 실습장에 들어와 있던 천 명의 소작인들이 데모를 벌였다. 그 가운데는 아랍 사람이나 그 밖에 서쪽 수단에서 온 아프리카 인도 섞여 있었다. 소작인들은 자기들의 면작물을 보다 비싼 값으로 사줄 것을 요구했고, 이 요구가 받아들여질 때까지 목화를 따는 일과 판매하는 일을 거부하기로 했다.

마침내 데모가 폭동으로 변하자 경찰에서는 군중을 해산시키려고 최루탄을 사용하다가 나중에는 발포까지 하기에 이르렀다. 수많은 데모대가 죽고 경찰이 다치는 불상사가 일어났으며, 소작인들의 대부분은 도망치고 말았다.

경찰은 3일에 걸쳐 그 지방을 수색하며 경찰에게 공격을 가한 용의자 281명을 체포하였다. 붙잡힌 사람들은 코스티로 송치되었으나 코스티의 감옥은 그들 전부를 수용할 만큼 크지 않았다.

경찰은 그 날 밤 이들을 당시 건설 중인 군대 막사의 한 방에 일단 몰아넣었다. 길이 약 12m, 너비 10m 정도의 방은 그 때까지 몇 달

동안 한 번도 사용한 적이 없어 창문은 빗장으로 꽉 잠겨 있었다. 2월의 코스티 기온은 대낮에 약 35°, 밤에는 18° 가량이었는데, 3일 동안 도망다니면서 거의 아무것도 먹지 못했던 사람들은 체포되었을 때 이미 녹초가 되어 있었다. 그런데 경찰은 그들에게 먹을 것이라곤 아무것도 주지 않았고, 가두기 전에 고작 냉수 한 잔을 주었을 뿐이었다.

밀폐된 방안은 이내 견디기 어려운 지경이 되었고 사람들은 밖으로 내보내 달라고 필사적으로 간청하였으나, 간수들은 그 소리를 들은 체 만 체 비웃고 놀려 댈 뿐이었다. 사람들은 얼마 안 가서 차례로 죽어 갔다. 어떤 사람은 이성을 잃고 소리치기도 했다. 죽어 가는 사람은 자기보다 먼저 죽은 사람 위에 포개져서 쓰러졌고, 아침이 되자 시체는 산더미처럼 쌓였다.

이 공포의 밤 사이에 무려 189명이나 죽고 살아남은 사람도 대개는 중병을 앓게 되었다.

이산화탄소와 열사병

캘커타의 검은 굴과 코스티의 가건물 감방에 갇힌 사람들을 죽음으로 몰아넣은 것은, 비좁고 무더운 공간에 지나치게 많은 사람들을 가두고, 신선한 공기가 전혀 들어오지 못하는 상황에서 그들이 내쉰 공기만 꽉 차 있었기 때문이었다. 공기가 폐로 들어가면 그 일부가 이산화탄소로 바뀌는데, 사람들이 같은 공기를 계속하여 호흡하였기 때문에 방 안에는 이 가스의 양이 점점 많아졌던 것이다.

공기 중에 이산화탄소가 많아지면 사람의 호흡은 점점 거칠어지고 빨라지며 맥박도 늘어나고, 가스가 아주 많아지면 현기증이 나고 정신이 몽롱해지며 심한 두통이 일어난다. 그러는 사이에 사람들은 지쳐서 자신을 놓고 싶어지게 된다.

과도한 이산화탄소도 견디기에 괴로운 것이었지만, 캘커타와 코스티에서의 경우 대부분은 **열사병**으로 죽은 것이다. 건강한 사람의 정상적인 체온은 평균 37°보다 약간 낮고, 뇌의 체온 조절 중추가 몸에서 생기는 열과 나가는 열 사이의 균형을 잡으며 일정한 체온을 유지하게 되는 것이다. 통풍이 잘 되더라도 무더운 방에 많은 사람이 들어가면 자연히 체온은 올라가게 마련이다.

열사병 이란?
고온·다습한 환경에서 체온이 과도하게 상승하여 인체의 온도 조절 메커니즘이 파괴되었을 때 생기는 급서의 한 형태

그러나 체온 조절 중추가 신경에 신호를 보내어 땀을 나게 만드는데, 이 때 몸이 만들어 내는 열의 일부는 땀의 수분을 수증기로 바꾸는 데 쓰이므로 보통은 이로써 열의 균형을 유지한다. 그러나 꽉 닫힌 방안의 더운 공기는 신선한 바깥 공기와 교체되지 않기 때문에 수증기가 많아지고 마침내 수증기 포화 상태에 이르게 된다.

따라서 땀이 증발하는 비율, 즉 몸이 열을 잃는 비율은 점점 적어진다. 몸에서 발생되는 열에 상당하는 열의 소비가 없기 때문에 체온은 차츰 올라간다. 체온이 41°를 넘게 되면, 뇌 속의 체온 중추는 제

기능을 발휘하지 못하게 되어 체온은 점점 올라가고 이런 상태가 지
속되면 결국 죽음에 이르는 것이다.

04

백 작 부 인 과 시 녀 스 마

기적의 나무 껍질

베 아 트 리 츠 의 질 투

백 작 부 인 의 가 루 약

사 실 같 은 이 야 기

전 쟁 중 의 키 니 네 연 구

17세기가 시작되자 에스파냐 사람들은 남아메리카의 여러 곳에 정착하게 되었다. 오늘날의 페루도 에스파냐의 식민지였다.

에스파냐 사람들은 남아메리카의 원주민을 '인디언' 이라고 불렀다. 그들은 이들 인디언이 여러 가지 색다른 풍습을 가지고 있다는 것과 또 이 지방의 식물은 에스파냐에서 나는 것과 전혀 다르다는 사실도 알게 되었다. 이런 보지도 못한 여러 식물들을 인디언들이 약으로 사용하는 것은 그들의 오랜 습관이었다. 그 중 하나는 '생명의 나무' 라고 하는 나무 껍질에서 추출하여 만들고 있었는데, 이 약은 킨키나 나무(畿那樹) 껍질을 가루로 만들어 물에 섞은 것이었다. 또한 이 약은 열대 지방의 습지대에서 흔히 발병하는 말라리아라는 열병을 치료하는 데 효과적이었다.

백작 부인과 시녀 스마

의학에 관계된 여러 이야기 중에서도 '기적의 나무 껍질' 에 관한 전설은 로맨틱한 것이 많은데, 그 중 하나는 에스파냐의 공작 아스톨

가(Astorga)의 막내딸, 아나(Ana)에 관한 이야기이다.

1621년 아나는 대단히 오래되고 유명한 가문의 귀족과 결혼을 했다. 이 귀족의 이름과 칭호를 제대로 부르자면, '치논 백작, 발데모로 남작, 세고비아 세습 시장 돈 루이스 제로니모 페르난데스 드 가브레라 이 보다딜라' 인데 여기서는 간단하게 줄여서 치논(chinon) 백작이라고 부르기로 한다.

백작은 새 영토의 총독으로 임명되어 페루의 리마에 도착하자, 자신이 거처하며 정무를 볼 궁전을 짓기 시작했다. 그런데 인디언의 추장들은 에스파냐의 정복자들과 자유로운 접촉을 꺼리고 있었다. 특히 그 지방에서 나는 약의 대부분을 에스파냐 사람들한테는 비밀에 부치려고 애를 썼다.

기적의 나무 껍질로 만드는 약도 그 가운데 하나였다. 추장들은 가끔 이 생명의 나무 밑에 부락민들을 모아 놓고 "만일 에스파냐 사람들에게 이 나무 껍질의 비밀을 누설하면 죽음으로 그 대가를 치를 것."이라고 일깨워 주곤 하였다.

1638년 궁전이 완성되자 총독은 에스파냐에 사람을 보내어 백작 부인을 불러오게 했다. 그녀가 리마에 도착하자 성대한 환영식이 베풀어졌고, 그 때 강제로 동원된 인디언 소녀들에게는 열을 지어 백작 부인 앞을 지나가라는 명령이 떨어졌다. 소녀들을 인솔한 이는 미르반이라는 젊은 우두머리의 아내 스마(Zuma)였는데 미모가 매우 뛰어났다. 백작 부인은 그녀를 자신의 시녀로 임명했고, 나중에 이 두 여인은 서로 좋은 친구가 되었다.

베아트리츠의 질투

어느 날 부인이 열병에 걸리게 되었는데, 날이 갈수록 그 증상이 악화되어 갔다. 스마는 세심한 정성으로 헌신적인 간호를 했으며 부인은 한시도 그녀를 곁에서 떠나지 못하게 하고, 그녀 외에는 아무에게도 자신의 시중을 들지 못하게 하였다. 이를 질투한 에스파냐인 시녀 베아트리츠는 어떻게 해서라도 스마를 밀어 내리려고 음모를 꾸몄다. 어느 날 베아트리츠는 백작에게, 부인이 앓고 있는 병의 진짜 원인은 스마가 말라리아와 비슷한 병을 일으키는 인디언의 괴상한 독을 매일 마시게 하고 있기 때문이라고 말했다. 이 말을 들은 백작은 혹시나 하고 그 때부터 스마를 엄중히 감시하기 시작했다.

그 날 밤 백작과 베아트리츠는 백작 부인의 침실에 있는 벽장 안에 숨어 스마가 들어오기만을 기다리고 있었다. 공교롭게도 바로 그 날, 스마는 자신도 열병에 걸려 그녀의 남편에게 나무 껍질을 조금 가져오도록 하였고 그녀는 그 약을 자신이 마시지 않고 여주인에게 먹이려 하였다.

의사가 처방한 약에 이것을 섞어 먹이면 될 것이라고 그녀는 생각했고, 그러려면 남의 눈에 띄지 않을 때 해야만 했다. 왜냐하면 에스파냐 사람에게 이 기적의 나무 껍질을 먹인 사실을 다른 인디언 시녀가 알게 된다면 그녀는 부족의 율법을 어겨 문책을 받게 되기 때문이었다.

백작에게
저지당하는
스마

스마가 침실에 들어갔을 때 마침 백작 부인은 잠이 들어 있었다. 스마는 부인의 침대로 다가가 주위를 살피면서 의사가 처방한 약에다 나무 껍질 가루를 섞을 기회를 엿보고 있었다. 벽장 안에 숨어 있던 백작은 그녀의 수상쩍은 행동을 보고 그녀가 나쁜 짓을 꾸미고 있다는 베아트리츠의 말을 믿게 되었다. 스마가 나무 껍질을 막 섞으려는데 백작이 뛰쳐나와 그녀의 덜미를 잡았다. 스마는 이미 열병으로 지쳐 있었던 데다가 백작이 갑자기 들이닥치자 그 충격으로 쓰러지면서 나무 껍질 가루를 마룻바닥에 떨어뜨렸다.

백작 부인의 가루약

스마가 체포되었다는 소문이 그녀의 남편에게 전해지자 미르반은 아내와 운명을 같이 하기로 마음먹고 백작에게 자기가 가루를 아내에게 준 것이라고 말했다. 그도 그 자리에서 체포되었고 이들 부부는 꼼짝달싹할 수 없는 상태에 빠지고 말았다. 만약 진실을 밝힌다면 두 사람은 나두 껍질의 비밀을 누설한 죄로 인디언들에 의해 죽음을 당하게 될 것이고, 그렇지 않으면 에스파냐 사람들에게 살인을 모의했다는 죄로 사형에 처해질 것이었다. 그들은 아무 말도 하지 않았고 백작은 화형을 선고하였다.

운명의 날이 다가왔다. 형을 집행할 준비가 모두 갖추어졌을 무렵에야 백작 부인은 비로소 스마가 침실에 없다는 것을 알게 되었다. 그녀는 자신이 열병에 시달리고 있는 사이에 일어난 사건의 자초지종을 들었으나, 총애하던 시녀가 자기를 해치려고 했다는 사실이 도저히 믿어지지 않았다. 또한 잠시 후에 스마가 처형된다는 것을 알고는 깜짝 놀랐다.

그녀는 즉시 침실에서 뛰쳐나와 자신을 처형장으로 안내하라고 명령했다. 자기가 중병을 앓고 있다는 것은 그 다음 문제였다. 다행히도 처형 직전에 겨우 형장에 도착한 백작 부인은 스마와 그의 남편을 데리고 궁전으로 돌아왔다.

추장은 이 이야기를 듣고 백작부인이 베푼 친절에 보답하기로 결심하였다. 그는 백작에게 스마는 잘못이 없다고 말하고 비밀에 부쳐 온 나무 껍질을 조금 주면서, 이것이 바로 부인과 같은 병에 걸린 사람을 구할 수 있는 기적의 약이라고 말했다. 그 무렵 백작 부인의 병세는 더욱 악화되어 의사들도 단념하고 있었던 터였으므로 백작은 반신반의하면서도 그 나무 껍질을 자기 부인에게 주었다. 다음 날, 놀랍게도 그녀의 병세는 눈에 띄게 좋아졌다.

추장은 나무 껍질을 더 보내 왔고, 부인은 8일 만에 열병에서 완전히 회복되었다. 백작은 감사의 마음을 어찌 표현해야 할지 몰라했고, 결국 이것이 계기가 되어 마침내 추장과 백작은 좋은 친구 사이가 되었다. 그러자 인디언들도 이 나무 껍질의 놀라운 효과를 에스파냐 사람들에게 더 이상 감추어서는 안 된다는 데에 의견을 모았다.

그로부터 몇 해가 지난 1641년, 총독과 백작 부인은 기적의 나무 껍질을 가지고 에스파냐로 돌아가 자신의 영지 안에 사는 환자들에게 나누어 주었다. 백작의 영지는 마드리드 남쪽에 있었는데, 토지는 비옥하였으나 열병이 유행하는 곳이었다. 이 곳에서도 기적의 나무 껍질은 말라리아나 그 밖의 열병에 놀라운 효과를 나타냈다. 세월이 흐르는 사이에 그것은 '백작 부인의 가루약'이라고 불리게 되었다.

사실 같은 이야기

1735년 어떤 과학 탐험대가 록사(Loxa)의 삼림을 조사하여 많은 식물에 관한 기록과 표본을 가지고 유럽으로 돌아왔다. 1742년 스웨덴의 유명한 박물학자 린네(Carl von Linne, 1707년~1778년)는 이것들을 상세히 조사, 분류하였다.

린네는 박물, 특히 식물의 분류를 정리하고 '인위 분류체계(린네의 체계)'를 완성하여 과학적 **2명법**을 확립한 사람이다(제12장 참조). 린네는 그 나무 껍질이 나는 원목의 종명을 '백작 부인이 인류에게 크게 봉사한 것을 기억에 새긴다.'는 의미로 지으려고 하였다. 그러나 그는 백작 부인의 이름을 잘못 알고 '신코나(Cinchona)'로 표기해 버렸다.

2명법(二名法)이란?
생물을 속명과 종명의 2어로 표시하는 방법.

에스파냐의 식물학자가 그 잘못을 지적하기 전에 린네는 죽고 말았기 때문에 그 낱말이 그대로 확정된 채 오늘날까지 전해지고 있다.

최근의 연구 결과, 백작 부인 아나에 관한 이 이야기는 로맨틱하게 꾸며 낸 일화라는 것이 밝혀졌다. 그녀는 치논 백작이 총독이 되기 전에 이미 죽었고, 백작을 따라 페루로 건너간 사람은 두 번째 아내 프렌치스카였다. 그 무렵에 백작이 써 놓은 일기가 발견되었는데 거기에는 가족들에 관한 일이 거의 하루도 빠짐없이 기록되어 있었다. 일기장에 의하면, 백작 부인 프렌치스카는 페루에 있는 동안 줄곧 건강하게 지낸 것으로 되어 있다. 그녀가 병에 걸린 것은 고작 두 번인데, 한 번은 후두염, 또 한 번은 단 하루 기침을 했다는 것뿐이었다. 불행하게도 그녀는 에스파냐로 돌아오는 도중에 죽었으므로, 에스파냐에 그 나무 껍질의 비밀을 전했다는 말은 전혀 타당성이 없는 것이다.

기적의 나무 껍질

전쟁 중의 키니네 연구

킨키나나무의 껍질은 오랫동안 천연 상태로 사용되어 오다가, 19세기 초에 이르자 이에 대한 화학적 연구가 시작되어 '키니네'라고 불리는 약이 이 나무 껍질에서 추출되었다. 키니네는 의료 분야에 가장 널리 쓰인 약의 하나로서, 특히 말라리아에 대단한 위력을 나타냈다. 무더운 열대 지방 여러 곳에 살던 수천 명의 영국인은 키니네 덕분에 이 열병에서 오는 최악의 사태를 모면할 수 있었으며, '영국인이 열대 아프리카와 동양에 하나의 큰 제국을 세우는 일을 가능케 했다.'고 일컬어진다.

키니네를 둘러싼 이야기는 백작 부인 아나만으로 그치지 않았다. 이와 또다른 이야기는 제1차, 2차 세계대전에도 다시 등장했는데 이번에는 전 세계에 관련되는 일이었다.

유럽에서는 킨키나나무의 껍질을 수입에 의존할 수밖에 없었는데, 독일은 제1차 세계대전 때 그 공급이 차단되었다. 독일의 의사들도 다른 나라의 의사들처럼 여러 가지 질병에 곧잘 키니네를 처방해 왔기 때문에 독일의 과학자들은 그 대용품을 찾는 일에 착수해야만 했다.

그들은 전쟁이 끝났을 때까지 이 일을 성공하지 못했으나 연구는 전후에도 계속되었다. 제2차 세계대전이 시작되는 1939년에 이미 그들은 12,000종의 인조 약물에 의한 말라리아 치료의 예비적인 연구를 마쳤고 그 해부터 독일의 과학자들은 말라리아가 번창하는 지역에서 이 약을 대규모로 실험하기 시작하였다. 그러나 그 일이 시작될 무렵 저2차 세계대전이 일어나자 실험은 중단되고 말았다.

1940년대의 전투는 말라리아가 극성을 떨던 지방으로 확대되어 갔고, 연합군에게 최대의 적은 이 병이었다. 실제로 키니네나 그 대용품이 없었더라면 연합군은 그 수많은 전쟁터에서 말라리아의 밥이 되어 작전이 오랫동안 불가능했을지도 모른다. 연합군이 불리했던 것은 전 세계 키니네의 90% 이상이 자바를 비롯한 동남아시아에서 자라는 나무로부터 생산된다는 점이었는데, 이 나라들은 당시 일본군에 의해 유린되고 있었던 것이다. 그래서 영국, 오스트레일리아, 미국의 과학자들은 실험실 안에서 키니네, 또는 그 대용품을 만들어야만 하는, 더할 나위 없이 중요한 과제를 안게 되었다.

이 때 연합국은 적이 애써 얻은 지식을 이용하여 큰 이익을 얻게 되었다. 미국과 오스트레일리아의 과학자들은, 독일의 과학자가 했던 실험을 중단한 데서부터 다시 연구를 추진해 갔다.

오스트레일리아의 과학자들은 실험을 자원한 800명의 병사를 말라리아에 걸리게 한 다음 이 약을 사용해서 치료가 가능한지를 실험해 보았다. 이 실험은 대단히 귀중한 결과를 낳았고, 그 덕분에 남서 태평양 관구와 동남아시아 관구의 연합군은, 일본군이 말라리아 때문에 몹시 고생하고 있을 시기에도 충분한 전투력을 유지할 수 있었다. 미국의 과학자들도 역시 독일의 약과 본질적으로 다르지 않은 14,000종 이상의 물질을 골라 말라리아에 대한 효과를 조사하고는 대단히 귀중한 결과를 얻게 되었다. 미국에서 오스트레일리아의 병사들과 똑같은 치료 실험을 자원한 사람은 징역형에 처해진 사람들이었다. 이렇듯 감옥 안에서 지원한 이들의 협력은 전쟁 수행에 크게 이바지했다. 이 무렵 영국의 과학자들은(키니네의 대용품이 아니면서) 말라리아에 대해 뚜렷한 효과를 나타내는 새로운 약을 만드는 일에 노력을 집중하고 있었다.

그러한 약을 찾아 낸 것은 화학약제의 분야에서 가장 중요한 발견의 하나라고 할 수 있다. 오늘날 말라리아 치료용으로 쓰이는 키니네에 대한 세계적인 수요는 옛날처럼 그다지 많지 않다.

이 책에 나온
등장인물들이에요! 1탄

나트륨, 칼륨을 비롯한 여러 원소와
화합물을 발견한 험프리 데이비

처음으로 생물의 종(種)과 속(屬)을
정의하는 원리를 만든 린네

근대 외과학의 아버지 파레

처음으로 미생물이 발효와
질병의 원인이 된다는 것을
증명한 파스퇴르

아산화질소가 인간에게 어떤 느낌을 주는지
알아보기 위한 체험에 참여한 철학자 콜리지

무통 분만법으로 아이를 낳은
빅토리아 여왕

천연두 예방 접종의 창시자 제너

제너의 스승은 우유 짜는 여자

05
천연두 이야기

제 너 의 종 두 실 험

종 두 법에 대 한 논 란

종 두 의 힌 트 는 어 디 에 서

지금으로부터 250년 전만 해도 천연두는 가장 무서운 병 중 하나였다. 천연두에 걸리면 대개는 죽거나, 다행히 낫는다 해도 얼굴에 심한 곰보 자국이 생겨 보기 흉한 모습이 되었다. 한 번 이 병이 유행하면, 몇천 몇만 명의 사람이 죽는 일도 있었다.

이 병에 한 번 걸린 사람은 두 번 다시 걸리지 않기 때문에 이 사실을 안 중국 사람들은 기원전 1000년경 젊은이들로 하여금 일부러 이 병에 걸리게도 하였다. 만일 그 사람이 죽는다 해도 사회적인 손실은 적다고 생각할 정도로밖에 생명의 가치를 평가하지 않았기 때문이었다.

그러나 만일 그 사람이 살아남으면 두 번 다시 이 병에 걸리지 않게 되므로 그 사람은 귀중한 존재로 인정되었다. 그래서 환자로부터 채취한 고름을 건강한 젊은이의 피부 밑에 접종하거나, 콧구멍 속에 넣는 따위의 풍습이 있었다. 그러나 이에 대해서도 몇 가지 단점은 있었다. 즉 대개의 경우 옮은 천연두를 이겨 내지 못하고 죽거나, 점점 더 많은 사람에게 퍼져 가는 것이었다.

이러한 관습은 중국에서 여러 세기에 걸쳐 계속되었으며 마침내 이란과 터키에까지 전해져, 18세기 초에는 어느 정도 개량되기는 했지만 이 방법이 영국에도 전해지기에 이르렀다. 이 방법은 접종이라고 불리게 되었는데 그 한 가지 방법은, 사람의 팔뚝에 작은 상처를 내고 천연두의 부스럼에서 얻은 고름을 실에 담갔다가 상처에 붙이는 것이었다. 경험으로 밝혀진 바에 따르면, 접종을 받은 사람의 일부는 가벼운 천연두에 걸릴 뿐, 회복된 뒤로는 두 번 다시 이 병에 걸리지 않았지만 접종을 받지 않은 사람들은 심하게 천연두를 앓다가 죽었다고 한다. 영국에서는 이 습관이 점차 보급되어 18세기의 중반에는 대단히 성행하기에 이르렀다.

제너의 스승은 우유 짜는 여자

천연두를 둘러싼 전설적인 이야기의 중심 인물은 에드워드 제너 (Edward Jenner, 1749년~1823년)이다. 그는 어려서부터 생물학의 연구에 흥미를 느껴 의사가 되겠다는 마음으로 열심히 공부했다. 당시 의사 자격을 따기 위해서는 13세쯤부터 경험이 많은 의사의 시중을 들면서 배우는 것이 상례였다. 대부분의 젊은이들은 얼마 동안 도제(徒弟) 생활을 한 다음, 보통의 학교나 대학에 들어가 2년간 공부를 해야 했다. 제너도 브리스톨 근처의 소드베리라는 작은 마을에 살고 있는 의사 밑에서 도제 생활을 하며, 그 곳에서 환자나 동네 사람들과 자연스럽게 사귀었다. 그런 다음 런던의 성 조지 병원에서 수업을 마쳤다.

도제 생활을 하고 있던 1766년의 어느 날, 농장에서 우유를 짜는 한 여인이 소드베리 의원으로 진찰을 받으러 왔다. 그러다가 우연히

제너의
종두 실험

천연두 이야기가 나오자 그녀는 즉시 이렇게 말하였다. "아, 저는 절대로 천연두 따위에는 걸리지 않아요. 우두에 걸렸으니까요."

　우두란 암소의 젖에 생기는 병으로, 이 병에 걸린 소의 젖을 짜는 사람에게 잘 옮는 수가 있다. 이 병에 걸리면 팔이나 손에 천연두의 곰코와 비슷하게 사마귀 같은 종기나 부스럼이 생긴다. 때로는 이것이 얼굴에 돋는 경우도 있는데, 그렇지만 않다면 이 병에 걸려도 그리

대수로울 것은 없었다.

제너의 종두 실험

제너는 런던의 성 조지 병원에서 수업을 마치고, 1775년에 의사 자격을 딴 뒤 고향으로 돌아왔다. 훨씬 뒤에 그는 그 때 우유 짜는 여자가 한 말이 생각나서 마을 사람들에게 물어보았는데, 다른 많은 사람들도 똑같은 사실을 믿고 있음을 알게 되었다.

제너는 이러한 믿음 가운데 진리가 포함되어 있는지 아닌지를 알아보려고 마음먹었다. 그러기 위하여 한 소년에게 일부러 우두를 접종한 다음 진짜 천연두를 옮게 하는 과감하고 중대한 처치를 해 보기로 하였다.

제너는 우두에 걸린 사람의 종기에서 고름을 조금 채취한 뒤 제임스 핍스라는 여덟 살 난 건강한 소년의 팔에 작은 상처를 두 개 내고 이 상처에 고름을 조금 묻혔다. 소년은 가벼운 우두에 걸렸으나 곧 회복되었다. 다음의 처치는 약 7주 후에 행해졌다.

제너는 천연두에 걸린 사람의 종기에서 고름을 다시 채취해서 같은 방법으로 소년의 팔에 묻혔다. 며칠이 지난 뒤 비로소 그는 그 때 우유 짜는 여인의 말이 사실이라는 것을 알게 되었다. 핍스는 천연두에 걸리지 않았던 것이다. 그는 우두에 걸렸던 덕분에, 천연두 고름이 들어가도 그 영향을 받지 않았음이 분명하였다. 의학 용어를 빌리자면, 우두는 그에게 천연두에 대한 '면역'을 준 것이다.

제너는 우두와 천연두가 서로 비슷하다는 것을 강조하기 위해 우두를 '**바리올라 바키내**'라고 이름 지었다. 그 후 몇 해 지나지 않아 우두의 고름을 접종하는 종두를 '바키내(Vaccinae)'에서 '백시네이션(Vaccination)'이라 부르게 되었고(백신도 같은 말에서 유래함.) 수백 명의 사람들이 천연두에 대한 면역을 얻기 위해 이 접종을 받게 되었다.

바리올라 바키내?
Variola Vaccinae.
소의 천연두라는
의미의 라틴어.

종두법에 대한 논란

제너의 방법에 대한 세상 사람들의 반응은 찬반으로 엇갈렸다. 어떤 사람은 우두와 천연두는 전혀 다른 병이기 때문에 제너가 우두를 '바키내'라그 명명한 것은 잘못이라고 주장하였다. 그런가 하면 다른 사람들은, 제너는 종두가 천연두를 충분히 예방한다는 결정적인 증명을 아직 하지 못하고 있다고 말하기도 하고 또 어떤 사람들은 제너가 접종하는 우두는 천연두 그 자체와 거의 다르지 않을 만큼 보기에 아주 흉하고 지저분하다고 말하였다.

그런 한편 이와는 전혀 다른 공격이 제너에게 가해졌는데 암소가 인간보다 하등한 동물이므로 그 생명 과정은 사람의 그것과는 다르다고 하는 많은 사람들이 지녀 온 신앙에 바탕을 둔 것이었다. 이런 사람들이 볼 때, 인간의 피 속에 짐승이 지닌 물질을 주입한다는 것은 욕지기가 날 만큼 더러울 뿐 아니라, 어떤 사람의 말을 빌리자면 '정상적인 자연의 진행에 대하여 외람스럽게 간섭하는 짓으로서, 하느님의 섭리에 대한 불신을 뜻하는' 것이었다.

그 당시 의학에 관계하는 사람들조차 짐승의 물질을 인체 안에 주입하면 여러 가지 무서운 결과가 일어날 것이라고 예언하였는데, 그 가운데의 한 사람이 다음과 같은 터무니없는 이야기를 하였다.

"나는 우두 때문에 일어나는 충격적인 이야기를 많이 들어 왔다. 지금까지 발표된 것 가운데 가장 충격적인 것인지는 모르겠으나, 페컴의 어떤 아이는 우두를 접종한 다음 태어날 때부터의 천성이 완전히 바뀌어 짐승처럼 되어 버렸다. 그래서 그 아이는 황소처럼 네 발로 뛰어다녔다."

그러나 이 이야기를 쓴 사람은 이런 사례가 사실인지 아닌지를 확인할 만한 시간이 없었다는 것을 인정할 정도의 미덕은 가지고 있었다.

이러한 반대론이 두 번 다시 고개를 들지 못하도록 치명타를 맞은 것은, 인간이 수천 년에 걸쳐 비프스테이크나 통째로 썬 양고기를 먹어 왔고, 또 헤아릴 수 없이 많은 세대에 걸쳐 우유를 마셔 왔으며, 동물에서 얻는 그 밖의 것들을 먹어 왔다는 사실이 지적되고부터였다. 그러면서도 인간은 짐승이 된 적도 없고, 페컴의 황소처럼 네 발로 날뛴 일도 없었기에 말이다.

오늘날의 역사가들은 당시 길레이(James Gillray, 1756년~1815년)와 같은 만화가들이 솜씨를 보일 수 있는 절호의 기회가 주어졌다는 것을 충

분히 알고도 남는다. 1802년에 길레이는 그림과 같은 만화를 그리고
는 아래와 같은 해설을 덧붙였다.

이것은 제너 박사가 자신이 발견한 것을 실천하는 모습과 너무도 닮
았다. 구빈원(救貧院)에 징용당해 그의 조수로 일하는 한 젊은이가 암소
에서 갓 뽑아 낸 '살짝 곰보'를 넣은 우유 단지를 들고 있고, 종두로

말미암아 생긴 갖가지 보기 흉한 자국이 불행히도 환자들의 몸에 남아 있다. 종두는 문자 그대로 그 사람들에게 '귀신이 씌었다.'고 해도 좋을 것이다. 뒤의 액자에 들어 있는 그림은 '황금 송아지' 숭배를 바탕으로 한 것으로서 사람들이 암소를 경배하고 있는 모습을 나타내고 있다.

그러나 제너는 곧 많은 나라에서 명성을 얻게 되었고, 그의 한 몸에는 빗발치듯 영예가 쏟아졌다. 네덜란드와 스위스에서는 일부 목사들이 설교 중에 우두를 맞도록 강력하게 권유했다고 한다. 그 밖의 여러 나라에서는 제임스 핍스가 종두를 맞은 날을—제너의 생일과 마찬가지로—축일로 정했으며, 러시아에서는 최초로 종두를 맞은 아이들을 관비로 교육받게 했고, 백시네이션이라는 명칭을 따서 그들에게는 '박시노프'라는 이름이 지어졌다고 한다.

종두의 힌트는 어디에서

우유 짜는 여자의 이야기는 제너의 전기를 쓴 사람이 처음으로 지어 낸 것인데, 일반적으로는 실화인 것처럼 믿어지고 있다. 그런데 우유 짜는 여자가 제너를 찾아온 것은 1766년으로 알려졌는데, 제너가 1788년까지 그녀의 확신을 공식적으로 이용하지 않았음이 지적되고 있다.

1788년에 제너는 그림 한 점을 가지고 런던으로 돌아왔다. 그것은 우두에 걸린 우유 짜는 여인의 손등에 생긴 부스럼을 그린 그림이었다. 제너는 그림을 여러 사람에게 보였으나, 어느 누구도 그 중요성을 깨닫지 못했던 모양이다.

제너가 우두에 관한 정보를 수집한 것은 1775년부터인 것 같은데, 종두를 처음 실시한 것은 훨씬 후인 1796년의 일이었다. 그러니까 우유 짜는 여인이 우연하게 들려준 말이 제너의 관심을 끌어서 정말로 우두에 의한 천연두 예방에 착안하였는지는 증명하기 어렵다.

그러나 우두가 천연두를 예방한다는 것은 글라스터셔의 시골 지방에서는 꽤나 널리 믿어지고 있었기 때문에, 제너는 설령 우유 짜는 여인이 아니고도 어쩌면 누군가 동네 사람들에게 그 이야기를 들었으리라고 짐작된다.

새로운 의학적 치료법의 가치는 오랫동안 시행해 보지 않고는 올바른 평가를 내릴 수가 없다. 종두는 1948년까지는 실로 길고 긴 시행을 거듭해 왔다. 이 해 영국 의사회의 회장은 제너에게 다음과 같이 깊은 감사의 말을 보냈다.

"18세기의 끝에 실험의학은 하나의 결정적이고 획기적인 모험에 의한 뚜렷한 이정표를 남기고 있다. 그것은 19세기와 20세기에 일어난 여러 승리의 예언적인 서곡이었으며, 오늘날에 와서도 예방의학사상 공전의 성과로 평가되고 있다. 그 모험이란 바로 에드워드 제너의 우두 실험인 것이다."

배에 생긴 총구멍

06

뚜껑이 달린 위장

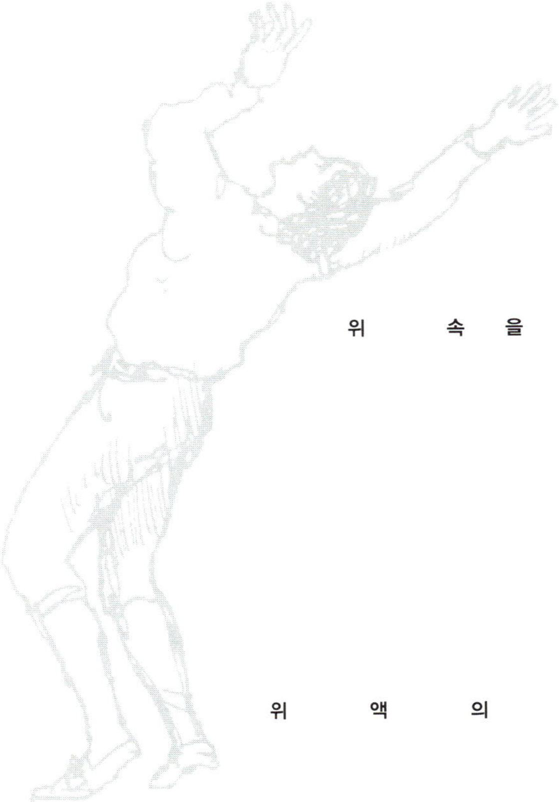

위 속을 들여다보다

위액의 작용

18세기의 중반까지는 음식이 위 속에 있는 동안 어떻게 변해 가는지에 대해 거의 아무것도 알지 못하였다. 많은 사람들은 위의 근육 운동이 음식을 뒤섞어 소화하기 쉽게 만든다고 생각하였고, 어떤 사람들은 음식이 위 속에서 단지 썩을 뿐이라고 생각하였다. 그 밖에도 여러 가지 해석들이 있었으나 이 분야의 지식이 크게 진보한 것은, 1750년경 어느 프랑스 사람이 새에 관한 실험을 할 때였다. 그는 새의 위에서 위액을 조금 채취하여 실험관에 넣어 보았더니, 위액이 음식의 대부분을 녹여 버렸다. 그 후 이탈리아의 한 과학자는 다른 실험을 통해 위액이 위 자체로부터 분비된다는 것을 밝혀 냈다.

배에 생긴 총구멍

1822년에 무서운 사고가 있었는데 이것은 소화 과정에 관한 지식을 훨씬 넓히는 결과를 가져왔다. 이 사고가 일어난 곳은 미시건 호와 휴런의 두 큰 호수의 수로가 만나는 곳에 위치한 매키낵이란 마을이었다. 매키낵은 당시 아메리카 모피 회사의 거래 장소였다. 매키낵은 일찍이 백인과 인디언 사이에 싸움이 잦았고, 북아메리카의 지배권을 둘러싸고 영국인과, 프랑스 인 사이에도 전투가 거듭된 곳이었다. 이 이야기가 시작될 무렵의 요새에는 수비대가 주둔하고 있었다.

1822년 6월, 이 마을에는 한겨울 동안 사냥한 짐승의 가죽, 생피, 모피 따위를 거래하려는 포수와 덫사냥꾼들이 많이 모여 있었다. 강가에는 카누와 보트가 즐비하였고, 아메리카 모피 회사의 가게에는 사람들이 북적거렸다. 가게 안에는 여행객과 인디언, 몇 명의 병사들도 있었는데, 많은 사람들 틈에 알랙시스(Alexis St Martin)라는 19세의 프랑스계 캐나다 사람이 끼어 있었다. 어느 한 목격자가 그 때 일어난 일을 다음과 같이 쓰고 있다.

그 가운데 한 사람이 산탄총을 가지고 있었는데, 그것이 실수로 발사되어 탄환이 알랙시스의 온몸에 박혔다. 총구는 피해자로부터 90cm 정도밖에 떨어져 있지 않아서 — 내 생각에는 60cm도 떨어져 있지 않았다. — 탄피까지 그의 체내에 박히고 산산조각이 난 셔츠에는 불이 붙었다. 마르틴은 그 자리에 쓰러졌는데 우리는 그가 죽은 줄로 알았다.

의사를 부르기 위해 요새에 사람을 보내고 3분도 채 안 되어 버몬트(William Beaumount, 1785년~1853년) 박사가 현장으로 달려왔다. 그는 알랙시스의 상처를 붕대로 감으면서 말하였다. "이 사람은 36시간도 살기가 어렵소. 그 사이에 다시 한 번 보러 오리다."

    한줌이나 되는 대형 산탄은 근육을 뭉개 버리고 어른의 머리보다 더 큰 구멍을 만들었다. 산탄은 제6늑골의 일부를 날려 버렸고, 다른 늑골에도 금이 가게 하였다.

    그러나 알렉시스는 죽지 않았다. 1년이나 계속된 치료를 받고 그는 기적적으로 회복하였다. 그런데 총탄을 맞은 상처는 아물지 않아 약 6cm나 되는 구멍을 남겼다. 상처를 붕대나 압박대로 눌러놓지 않으면 위 속에 있는 음식이 구멍으로 새어 나왔다. 그러나 시간이 흐르면서 자연의 자비로운 도움으로 위의 안쪽 막이 자랐고, 그 막이 구멍의 윗면을 덮게 되어 일종의 뚜껑을 만들어졌다. 이 뚜껑은 위 속에 있는 것이 밖으로 나오는 것을 방지하였는데, 한쪽 손가락으로 누르면 쉽사리 안쪽으로 밀려 들어갔다. 버몬트 박사는 그 곳을 통해 위의 내부를 육안으로 들여다 볼 수 있었다.

위 속을 들여다보다

당시의 한 저술가가 쓰고 있듯이 '건강한 위 속에서 일어나는 일을 볼 수 있다는 것은 참으로 신기한 일이다. 그러나 지금까지 이런 일이 가능했던 경우가 몇 번 있었으나 위에 관한 연구에 보탬이 되지는 못하였다. 버몬트 박사는 알랙시스의 건강과 체력이 완전히 회복된 후에도 그의 위장 내부를 계속해서 관찰하면서 소화 기능에 관한 실험을 하기로 결심하였다.

그는 최초의 실험에 대해 다음과 같이 서술하였다.

알랙시스로 하여금 몇 시간을 굶게 한 후, 구멍을 왼쪽으로 해서 눕게 하고 강한 빛을 비추어 위 속이 환히 보이도록 하였다. 이 때 버몬트 박사는 위 속에 있는 것이 약간 신맛을 띤 점액에 침이 섞인 것이라는 사실을 알아 냈다. 어느 경우에도, 본래의 위액은 전혀 고여 있지 않았다.

이러한 사실에서, 위는 소화시켜야 될 음식이 없을 때는 위액을 분비하지 않고 또 위액은 다음 식사에 대비해 미리 만들어져 저장되는 것이 아니라는 점이 확실해졌다.

훗날 그는 보통 식사 때처럼 여러 종류의 음식을 동시에 먹었을 경우 어떤 일이 일어나는가를 조사하기 위하여, 여러 차례의 실험을 거듭했다. 그는 한 가지 음식이 완전히 소화되고 나서 다른 종류의 음식물의 소화 과정이 시작되는 것인지, 아니면, 한 번 식사로 먹은 여러 가지 음식이 모두 동시에 소화되는 것인지를 알아보기로 하였다. 이를 조사하기 위한 실험은 간단한 것이었다. 그 자신의 말을 빌려 설명해 보기로 한다.

1825년 8월 1일 열두 시경, 나는 다음의 음식을 명주실오라기에 매달아 구멍을 통하여 위 속에 넣었다. 음식이 구멍을 통과할 때 통증을 느끼지 않도록 적당한 간격으로 매달았다. 즉 그것은 야채 양념을 많이 한 삶은 쇠고기 한 조각, 소금에 간한 날돼지고기 한 쪽, 소금에 절인 생살코기 한 점, 데쳐서 소금으로 간한 쇠고기 한 조각, 묵은 빵 한 조각, 잘게 썬 양태추 몇 잎이었다. 각 조각의 무게는 약 2드램(dram; 약 3.6g)이었다. 젊은이는 이와 같은 처치를 받은 뒤, 집 근처에서 여느 때와 마찬가지로 일을 하였다.

오후 한 시에 나는 이것들을 꺼내어 조사하였는데, 양배추와 빵은 반쯤 소화되어 있었으나 쇠고기는 그대로 있었다. 나는 그것들을 다시 위 속에 넣었다. 오후 두 시에 다시 그것들을 꺼내 보니, 양배추, 빵, 돼지고기, 데친 쇠고기는 모두 말끔히 소화되고 실에서 떨어져 있었다. 다른 고기 조각들은 약간씩밖에는 변해 있지 않았다. 나는 이것들

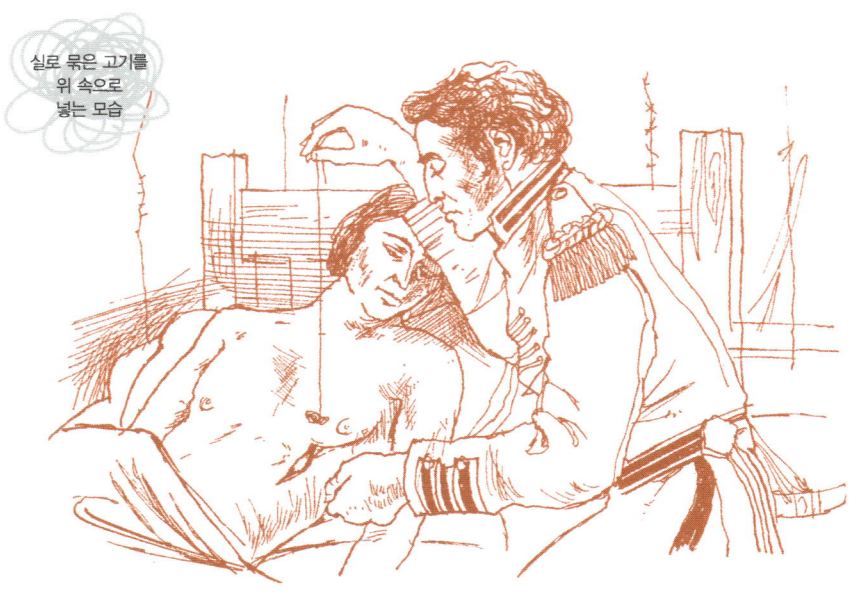

실로 묶은 고기를
위 속으로
넣는 모습

을 재차 위 속에 넣고 좀더 시간이 지난 다음 다시 꺼내어 조사하였
다. 양념을 많이 한 쇠고기는 일부 소화되었고, 날쇠고기는 표면이 약
간 부드러워졌으나 전체의 조직은 단단한 것이 전과 다름이 없었다.
나는 이것들을 위 속에 다시 넣었다.

이 실험은, 이제껏 인간에 대해서 행한 실험 가운데, 가장 재미있
는 것 중의 하나였다.

위액의 작용

버몬트 박사는 위액이 어떤 작용을 하는지 알고 싶었다. 이를 알기 위한 가장 쉬운 방법은, 위에서 위액을 조금 채취하여 음식물이 든 실험관 속에 넣고 이것이 어떻게 작용하는가를 관찰하는 것이었다. 그런데 그보다 앞서 해야 될 일이 있었다. 위 속에 있는 위액은 항시 따뜻한데, 차가운 위액은 이와 다른 작용을 할 가능성이 있기 때문에 그는 실험을 두 가지로 나누어야 했다.

8월 7일 오전 열한 시, 젊은이를 실험에 앞서 열일곱 시간 굶게 한 다음, 구멍을 통해 온도계를 위 속에 넣었다. 평상시 위의 온도를 확실히 알기 위해, 온도계 유리관의 거의 전부를 밀어넣었는데 15분쯤 지나자 수은주는 섭씨 37.8°까지 올라가고, 그 뒤로는 변하지 않았다. 그리고 나서 유리관을 넣어 순수한 위액 28g 정도를 채취한 다음, 데쳐서 소금에 간한 쇠고기 한 조각을 플라스크 안의 위액 속에 넣고, 열을 가하여 섭씨 37.8°의 온도를 일정하게 유지시켰다. 40분이 지나자 고기의 표면에 소화 작용이 시작되는 것을 알 수 있었는데, 오후한 시에는 세포 조직이 완전히 파괴된 것처럼 보였다. 근육 섬유는 물러져 분해된 뒤 작은 조각이 되었으며 매우 부드러워졌다. 아홉 시에는 고기의 모든 부분이 완전히 소화되었다.

또다른 일련의 간단한 실험을 통해, 버몬트 박사는 위액의 다른 성질을 연구하였다. 그것은 위액이 식사와 식사의 중간 시간에 위 속에 괴는 것인지, 아니면 알렉시스가 음식을 먹기 시작할 때에만 만들어지는 것인지를 밝혀 내는 것이었다. 그는 이렇게 쓰고 있다.

1830년 3월 11일 오전 열 시, 위는 텅 비어 있었다. 나는 그의 위 속에 유리관을 집어 넣었으나 위액은 한 방울도 나오지 않았다. 빵 부스러기 몇 쪽을 위의 안쪽 벽에 갖다 대었더니, 위액이 고이기 시작했고 그것은 유리관을 통해 흘러나왔다.
빵 부스러기는 위의 내벽에 달라붙었다. 그것은 금세 부드러워지며 녹기 시작하였다. 소화가 시작된 것이다. 그는 빵 부스러기를 넣기 전에 위 속을 들여다보았으나, 위액은 전혀 보이지 않았다고 부언하고 있다. 빵 부스러기를 넣고는 다시 들여다보았더니, 맑고 투명한 액체의 작은 물방울이 생겨나고 있는 것을 볼 수 있었다.

다음으로 그는, 실제로 식사를 마친 뒤 위 속에서 어떤 일이 일어나는가를 알아보았다. 그에 대해서는 다음과 같이 자세히 기록하고 있다.

4월 9일 오후 3시, 그는 말린 대구찜, 감자, 네덜란드 방풍나물, 버터를 바른 빵을 점심으로 먹었다. 나는 3시 30분에 그의 위를 조사하고 그 속에서 일부를 꺼내었다. 음식물의 반쯤은 소화되어 있었으나, 먹은 것 중에서는 감자의 소화가 제일 늦었다. 대구는 작은 줄기로 갈라져 있었고, 빵과 방풍나물은 형체를 알아볼 수 없을 만큼 소화되어 있었다.

4시에 나는 다시 일부를 꺼내 조사하였다. 소화는 규칙적으로 진행되어 생선의 살점도 그 조직을 그대로 유지하고 있는 것은 거의 없었다. 감자의 조각은 확실히 알아볼 수 있는 것이 약간 남아 있었다.

4시 30분에 나는 다시금 음식의 일부를 꺼내 살펴보았는데 모두 완전히 소화되어 있었고, 5시에 위는 텅 빈 상태였다.

이상의 실험은 버몬트 박사가 행한 수많은 실험 가운데 그 일부에 지나지 않으나, 이것만으로도 그가 인간의 소화 연구에 얼마나 훌륭한 공헌을 했는가를 알 수 있다. 어느 의학사가는 다음과 같이 쓰고 있다.

이토록 대단히 중요한 연구와 실험자가 이 일을 완성하기까지 겪어온 수많은 곤란은 그의 체험을 의학사상 가장 낭만적인 에피소드의 하나로 만들고 있다.

약으로 쓰였던 석유

사 업 가   비 슬 과   ' 키 어 의   록   오 일 '

실 리 먼   교 수 의   분 석 과   예 언

석 유   시 추 의   성 공

진 상 을   찾 아 서

오 일   러 시 에   불 붙 다

인디언들은 백인이 북아메리카를 점령하기 훨씬 전부터 원유를 류마티즘 치료에 바르는 약으로 사용하였다.

원유는 인디언들이 살고 있는 몇 군데 지방에서 수면에 뜨는 찌꺼기의 형태로 산출되었다. 19세기 초에는 일부 아메리카 인들도 원유를 약으로 사용하였는데 그들은 이것을 '세네카 기름(Seneca Oil)'이라고 불렀다.

이 이름의 유래는 어쩌면 세네카족 인디언이 이를 사용하였거나, 아니면 세네카 호수 근처의 물에서 산출된 데서 시작되었는지도 모른다.

원유는 지하의 암석 중에 있으며 지하수를 따라 지면으로 흘러나온다. 그것은 오랜 옛날부터 알려져, '미네랄 오일', '록 오일', '시페이지 오일' 등 여러 가지 이름으로 불리어 왔다. 오늘날 이것은 석유(페트롤륨)의 원료로 쓰이지만, 페트롤륨(Petroleum)이라는 낱말은 두 개의 라틴어, 즉 바위를 뜻하는 '페트라'와 기름을 의미하는 '올레옴'에서 유래되고 있다.

식염도 원유와 함께 지하의 곳곳에 존재한다. 식염은 건강을 유지하는 데에 절대 필요한 것으로서, 옛날부터 이것을 채취하는 일은 언제나 중요한 산업이 되어 왔다. 북아메리카에서는 식염을 생산하기 위해 지면에 우물을 파고, 식염이 물에 진하게 녹은 액체(브라인 Vrine; 소금물)를 펌프로 퍼올린다. 소금물을 채취하기 위한 우물은 19세기 초 북아메리카 각지에 만들어졌는데, 데릭이라고 불리는 우물 위의 큰 나무탑이 시선을 끄는 이채로운 풍경이었다. 데릭 속에는 우물을 파는 데 쓰이는 구멍 뚫는 기계의 도르래 장치가 들어있는데, 먼저 지면에 구멍을 파고 필요한 깊이에 이르게 되면 쇠파이프를 박아 내벽을 만들었다. 그리고 소금물이 파이프를 통해 지면으로 퍼올려지면 이것을 끓여 고체의 식염을 만들었다.

사업가 비슬과 '키어의 록 오일'

1850년이 되기 얼마 전 피츠버그의 약종상 사무엘 M. 키어는 자기 아버지의 소금우물에서, 물에 섞여 나오는 기름이 '아메리칸 오일' 이라는 바르는 약과 비슷하다는 것을 알아 냈다. 그래서 그는 자기도 '아메리칸 오일' 을 만들기로 하고 우선 브라인의 표면에서 기름을 건져 내어 플란넬 헝겊으로 걸렀다. 이렇게 제법 깨끗하고 맑은 액체를 채취하여 병에 담아 약제사와 약종상에게 팔았다. 그러면서 그는 선전 활동을 시작하였는데 그것은 예상과는 달리 엉뚱한 결과를 낳게 되었다.

1856년 어느 무더운 여름날, 장사에 눈치 빠른 조지 비슬(George H. Bissel, 1821년~1884년)이라는 사람이 뉴욕의 브로드웨이를 걷고 있었다. 그는 날씨가 너무 무더워서 어느 약종상 가게의 차양 밑으로 들어가 햇볕을 피하고 있었는데, 우연히 쇼 윈도 안에서 '키어의 록 오일' 이라는 상표가 붙은 병을 보게 되었다. 물론 키어도 빈틈없는 장사꾼이었으므로 자기 약에 그럴듯한 이름을 붙여 놓고 있었던 것이다. 당시의 많은 사람들이 자연이 갖는 치유력에 절대적인 신뢰를 걸고 있었기에, 상표에는 그 기름이 여러 가지 병을 낫게 하는 힘을 갖고 있다고 적혀 있었으며, 이런 글도 인쇄되어 있었다.

자연의 신비한 샘에서 나온 건강을 위한 향유
사람에게 건강과 생명의 꽃을 피우게 한다.
자연의 깊숙한 곳에서 마법의 물은 흘러나와
우리의 고통을 덜어 주고 근심을 진정시킨다.

키어는 자기네 기름이 천연물임을 강조하고자, 상표에 데릭과 소금으물에서 볼 수 있는 여러 가지 것들을 그림으로 그리고, 그 약이 대지의 깊은 못에서 샘솟았다는 설명을 덧붙였다.

'건강에 좋은 이 향유는 류머티즘을 고치는 데 뛰어난 약이다. 이것은 화상, 찰과상, 베인 상처를 낫게 하며 마시면 몸의 통증을 없애 주고 폐결핵도 치료해 줄 것이다.' 라고 그는 주장하였다.

실리먼 교수의 분석과 예언

당시는 조명 기술이 세인의 주목을 끌고 있었는데, 머도크와 그 밖의 사람들은 석탄 가스를 이용해서 예전에는 불가능하다고 생각되던 정도의 밝기를 인공의 빛으로 얻을 수 있다는 것을 밝혀 냈다(화학편 13장 참조). 소수의 과학자들은 여러 가지 타는 액체, 예컨대 록 오일을 쓴 것으로 생각하고 있었으나, 브로드웨이를 지나치던 그 날까지만 해도 비슬은 기름을 사용하는 조명이 연구할 가치가 있는 사업적 기획이라고 생각한 적은 한 번도 없었다. 그 이유인즉 충분한 기름을 찾아 내기가 어려웠기 때문이었다.

상표에 그려진 그림을 보고 그의 생각은 달라졌다. 록 오일도 식염과 마찬가지로 땅 속에 묻혀 있다고 그는 생각하였다. 그렇다면 소금물을 얻는 데 쓰는 방법으로 그것을 지면까지 퍼올릴 수는 없을까 생각하다가 그보다 먼저 록 오일이 조명에 적합한지 아닌지를 확인하기로 마음먹었다. 그래서 그는 키어의 록 오일을 한 병 사가지고 실리먼(Benjamin Silliman, 1816년~1885년) 교수라는 유명한 화학자한테 보내어 분석을 의뢰하였다.

교수는 그 록 오일을 증류한 결과 대단히 뛰어난 조명용 연료가 얻어졌다고 알려 왔는데, 지금도 유명한 다음과 같은 말을 덧붙였다.

"나로서는 귀하의 회사가, 간단하면서도 값싼 비용으로 대단히 귀중한 제품을 만들 수 있는 원료를 손에 넣었다고 확신해도 될 만한 근거가 있다고 생각됩니다. 나는 원료의 대부분을 손실 없이 제품으로 만들 수 있는 방법, 즉 관리하기 매우 쉬운 과정을 통해 이 실험을 증명하였습니다. 사실상 모든 화학 과정 가운데 가장 간단한 방법으로 이 실험을 증명하였다는 점은 매우 주목할 만한 가치가 있다고 봅니다."

간단한 처리에 의해 아마도 그 기름으로부터 귀중한 제품을 많이 얻을 수 있으리라는 실리먼 교수의 보고는, 그 때까지 화학자가 내린 예언 가운데 가장 뛰어난 것의 하나였다. 그로부터 1세기가 지난 1959년에 한 신문은 이 예언이 광대한 석유 산업을 성장시키는 기초가 되었다고 기술하였다. 그것은 어쩌면 지금까지 씌어진 어떤 말보다도 가장 정확하였으며 인간의 생활과 습관까지 변화시켰다. 그 때까지 원유는 램프의 연료라든가 효능이 의심스런 약, 또는 인디언 용사를 장식하는 전쟁용 그림물감으로밖에는 쓰이지 않았다.

(석유 시추의 성공)

비슬이 설립한 회사는 펜실바니아 주 타이터스빌의 유전을 매입하고 드레이크(Edwin Laurentine Drake, 1819년~1880년)라는 사람을 고용하여 일을 시켰는데 ─ 부하에게 좋은 인상을 주기 위해 그에게는 '대령' 이라는 칭호가 주어졌다. ─ 드레이크 대령은 유전에 데릭을 세웠으나, 자신의 진짜 독적을 숨기기 위해 소금우물을 하나 더 파고 있을 뿐이라는 소문을 퍼뜨렸다.

그는 수십 일 동안 유전을 파내려가, 1859년 8월에 마지막 작업을 마칠 당시 20m 깊이까지 이르게 되었으나, 일이 끝나기 직전 틈새에 드릴이 부딪쳐 바닥이 약 15m 가량 꺼지는 바람에 구멍을 조금 더 깊이 파야만 했다.

사람들은 여느 때와 마찬가지로 일손을 놓고, 소금물을 찾아 내자면 아직도 몇 주일을 더 파내려가지 않으면 안 되겠다는 생각들을 하며 제각기 집으로 돌아갔다.

다음 날, '스미스 영감'이라고 불리는 한 노동자가, 여느 때처럼 일요일에 산책을 나와 데릭 옆을 지나게 되었다. 그는 호기심에서 그 안으로 들어가 구멍 속을 내려다보았는데, 놀랍게도 진한 황갈색의 액체가 두꺼운 층이 되어 떠 있었다. 그는 빈 통을 조심스럽게 구멍 속으로 내려 떠 있는 액체만을 통에 담아 올렸다. 통 속에는 록 오일이 가득 차 올라왔다.

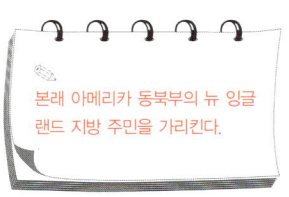
본래 아메리카 동북부의 뉴 잉글랜드 지방 주민을 가리킨다.

스미스 영감은 자신의 발견을 알리려고 뛰어나가 '양키 녀석들이 기름을 파냈다.'라고 외쳤다. 양키 인 드레이크 대령은 정말로 석유를 파낸 것이다. 사실 그는 운이 좋았다. 그것은 전적으로 우연한 일로서 원유가 그렇게 얕은 곳에 있기는 그 근처에서 한 자리뿐이었는데 그는 용케도 그 곳에 우물을 팠던 것이다.

그 후 조사에 의해 밝혀진 바로는, 그 근처 몇 km에 걸친 지역 가운데 다른 어느 곳을 파 보아도 원유를 함유한 지층에 도달하기까지

양키가
석유를 파냈다고
외치는 스미스

는 20m는커녕, 300m 이상이나 내려가지 않으면 안 되었을 것이다.

　　이것은 분명 석유를 목적으로 판 최초의 우물이었고 여기에서는 곧 하루에 1800ℓ의 석유를 산출하게 되었으며, 약 9개월간에 걸쳐 이 산출량이 유지되었다.

　　석유가 그토록 많이 나왔다는 뉴스는 크나큰 흥분을 불러일으켰고, 그것이 새로운 조명용 연료가 된다는 것을 사람들이 알았을 때 그 흥분은 한층 더 고조되었다. 곧 다른 많은 지방에서도 더 깊은 우물을 파게 되었는데 그 중에는 깊이 300m가 넘는 것도 있어서 **'개셔'** 라고 불리게 되었다. 땅을 파내려간 굴착추가 함유층(含油層)을 관통하였을 때, 석유가 무서운 힘으로

개셔란?
분유정, 자분정으로 땅 속의 원유가 가스의 압력으로 자연히 뿜어 나오는 유정을 말한다.

약으로 쓰였던 석유

89

솟아올랐기 때문이다.

진상을 찾아서

이 이야기에는 여러 가지 형태가 있다. 그 가운데 하나는 지금까지 소개한 것과 대동소이한데, 비슬이 자신의 록 오일을 얻었다고 기술한 선전문에서 힌트를 얻었다는 점이 약간 다르다.

또 한 가지 이야기에서 비슬은 그 병 옆에 붙어 있던 광고 포스터에 눈이 끌렸다고 한다. 그것은 400달러의 은행 지폐—뒷면이 녹색이라서 '그린 백'이라 불린—와 비슷하였다. 거기에는 데릭이나 소금우물에 사용되는 다른 장치의 그림이 그려져 있었고, 그 록 오일의 놀라운 치료 효과에 관한 설명도 붙어 있었다.

그 병에는 많은 질병을 고치는 천연의 약재가 들어 있다는 설명도 씌어 있었는데, 어떤 이야기이든 '키어의 록 오일'의 광고가 비슬의 관심을 끌었던 것이므로 처음 석유를 채굴할 목적으로 우물을 팔 가능성을 포착했다는 점에서는 일치하고 있다.

이것들은 또한 타이터스빌(Titusville)의 우물이 이 특별한 목적을 위해 판 최초의 우물이라는 점에서도 일치하고 있는데, 이러한 사실은 대단히 중요해서 석유 역사가 중 한 사람은, '아메리카 합중국의 석유 산업은 1859년 8월 28일에 탄생하였다.'고 평할 정도였다.

이 석유 드라마의 두 주인공, 비슬과 드레이크는 제각기 서로 다

른 말을 남기고 있다. 비슬은 한 약제상의 가게에서 **'무스탕 리니멘**
트' 의 병을 본 순간 이 약이 조명용 연료로도 쓸 수 있음
을 깨달았다고 한다. 그래서 그는 그 바르는 약을 어
떤 분석가한테 보냈는데, 그 분석가는 이 기름이 틀
림없이 좋은 조명용 연료가 될 만하다고 보고해 왔다.

무스탕 리니멘트란?
야생마표 바르는 약이라는 뜻의
룩 오일 상품명.

　　한편 드레이크 쪽에서는 그 자신이 약방에서 데릭을
그린 상표가 붙은 병을 보았다고 하는데, 그 데릭을 보고 드레이크는
소금물이 아닌 석유를 채취하기 위해 우물을 파게 되었다고 말한다.

(오일 러시에 불붙다)

　　드레이크가 석유를 찾아 냈다는 뉴스는 재빨리 퍼져, 곧바로 석
유광들이 가장 먼저 밀려들기 시작하였고, 그로부터 불과 5년 이내에
600여 개의 석유회사가 세워졌다고 한다. 얼마 전까지만 해도 거의 사
막에 가까웠던 곳에 새로운 마을들이 우후죽순처럼 생겨나 토지 매매
의 투기가 크게 성행하였고, 건전한 석유회사뿐 아니라 물거품 같은
회사도 생겼다가 사라지고, 사람들은 벼락부자가 되었다가 졸지에 빈
털터리가 되기도 하였다.

　　그러나 인간은 새로운 연료를 손에 넣게 되었고, 석유는 진정 미
래세대를 위하여 놀라운 봉사를 하게 되었다.

닭 콜레라의 공포

08

기회는 준비한 사람에게만 온다

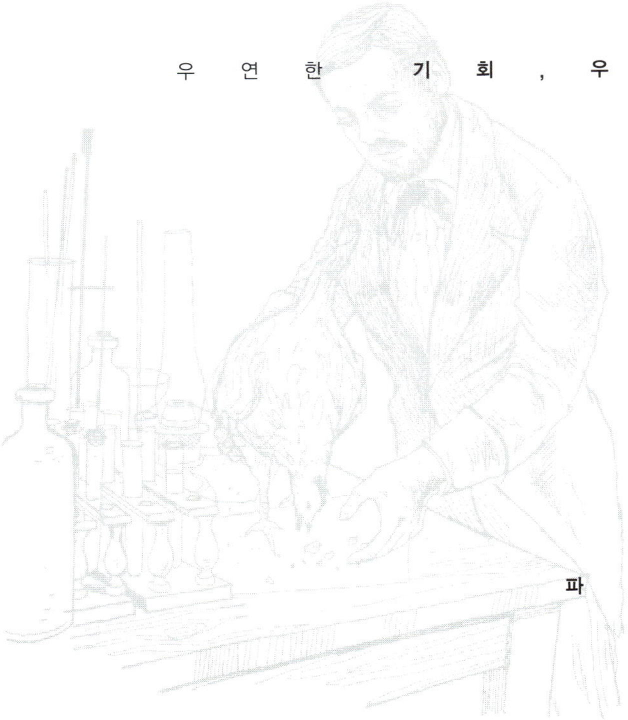

우연한 기회, 우연한 발견

파스퇴르와 제너

1854년, 프랑스의 지도적인 젊은 과학자 중 한 사람인 루이 파스퇴르(Louis Pasteur, 1822년~1895년)는 리르 대학의 화학 교수로 임명되었다. 그로부터 2년 후 한 양조업자가 그의 실험실에 찾아와서 하나의 새로운 과학 연구를 해 보도록 권하였다. 이 연구는 후일에 여러모로 빛나는 의학적 발견을 낳게 하는 실마리가 되었다.

이 양조업자는 파스퇴르에게, 포도주를 오래 두면 어째서 맛이 시게 되는지 그 이유를 조사해 달라고 부탁하였다. 이것이 계기가 되어 파스퇴르는 우유의 맛이 시게 되는 이유도 연구하게 되었다. 그는 훨씬 뒤에 프랑스의 생사 제조업자들에게 큰 손해를 끼친 누에의 무서운 병에 대해서도 연구해 달라는 부탁을 받았는데, 파스퇴르는 이 문제들이 모두 지극히 작은 생물의 존재와 관련이 있다는 것을 알게 되었다. 이것들은 현미경을 사용하지 않으면 보이지 않을 만큼 작은 것이므로 '미생물'이라고 불렀다. 다른 이름으로는 '박테리아' 또는 '세균'이라고도 하는데, 박테리아의 연구는 대단히 매력이 있었기에 마침내 파스퇴르는 자기 시간의 대부분을 허비하면서 박테리아가 전염병으로서 어떤 역할을 하는가를 연구하게 되었다.

닭콜레라의 공포

이러한 전염병 가운데 '닭콜레라' 라는 것이 있었다. 이것은 닭이 걸리는 병인데, 콜레라라고는 하지만 사람이 걸리는 콜레라와는 아무런 관계가 없다.

프랑스 농부들은, 닭콜레라의 돌림병을 몹시 무서워했다. 이 병이 심하게 유행하면 닭 100마리 중에 무려 90마리나 죽는 일도 있었기 때문이었다.

이 병에 걸린 닭은 눈 깜짝할 사이에 죽어 버렸다. 닭들이 건강하고 생기가 있다가도 다음 날이면 밭이나 닭장에 그 시체가 즐비하게 나뒹굴 지경이었다.

병에 걸린 닭은 날개를 늘어뜨리고 온몸의 깃털이 치솟고는 고무 공처럼 부풀어 오르기 때문에 첫눈에 알아 볼 수 있었는데, 그 닭은 얼마 안 가서 시름시름 졸다가 대개는 죽어 버렸다. 당시 이 병 하나 때문에 프랑스의 닭 연간 사망률이 온갖 원인을 포함한 전체 사망률의 10%를 차지했다는 보고를 보더라도 이 병이 얼마나 심각했는가를 알 수 있을 것이다.

파스퇴르는 이 병에 걸린 수평아리의 벼슬에서 피를 몇 방울 뽑아 이것을 닭고기 수프에 떨어뜨렸다. 혈액 중의 세균은 이 '음식' 속에서 급속히 늘어나기 시작하여, 삽시간에 대량의 세균이 배양되었다.

오래된 닭콜레라
배양균을 먹이는
파스퇴르

　이런 방법으로 파스퇴르는 실험하기에 충분한 양의 닭콜레라균을 마련할 수 있었다.

　그는 배양한 세균이 담긴 수프를 빵 조각에 조금 떨어뜨려서 이것을 몇 마리의 닭에게 먹여 보았다. 그러자 그 닭은 곧 병에 걸려 죽고 말았다. 파스퇴르는 이 방법으로 무서운 닭콜레라균을 인공적으로 배양하였음을 확인하였다. 이렇게 해서 언제든지 마음대로 닭에게 병을 옮길 수도 있게 되었던 것이다.

파스퇴르는 수많은 질병이 세균에 의해 생긴다고 굳게 믿었으나, 어떤 종류의 세균을 배양하면 하나의 독소가 만들어져서 이 독이 병의 직접적인 원인이 될 수도 있다고 생각했다. 그는 이 독소를 '바이러스'라고 하며 세균보다 더 작고, 보통 현미경으로는 볼 수 없을 만큼 지극히 미소한 물질이라고 말했다. 지난날 세균에 의해 일어난다고 생각되었던 병 가운데, 실제로 바이러스가 직접적인 원인이 되어 생기는 병도 무수히 많다.

그는 이 무서운 맹독성의 배양균▪으로 얼마 동안 실험을 계속하다가 수주일 동안 중단하였다. 그러는 동안 사용하지 않은 균은 실험실 안에서 공기에 노출된 채 그냥 방치해 두었다.

우연한 기회, 우연한 발견

얼마 후 파스퇴르는 이 실험을 다시 시작하였는데, 이번에는 균을 새로 배양하지 않고 전에 쓰다 남은 것을 사용하였다. 그는 전혀 알아차리지 못했으나 이것이 결과적으로 행운을 가져온 계기가 되어, 그에게 있어 모든 의학적 발견 가운데 가장 큰 성취를 이룰 수 있게 해 주었다.

파스퇴르는 그 쓰다 남은 배양균을 다시 몇 마리의 암탉에게 먹였다. 그는 전번과 마찬가지로, 암탉이 무서운 병에 걸려 죽으리라고 예상하였다. 그러나 신기하게도 암탉은 약간 상태가 나쁜 듯하더니 곧 회복되었다. 금세 만든 배양균은 확실히 닭의 목숨을 빼앗았으나, 그것이 오래되면 병을 일으키는 힘이 약해지는 것 같은 현상을 보였다.

이 일이 일어나기 몇 해 전, 파스퇴르는 오늘날까지 잘 알려진 말을 한 적이 있다.

"관찰의 분야에서 기회는 준비한 사람에게만 온다."

그는 스스로 이 말이 진실이라는 것을 입증해 보였다. 그는 우연히 몇 주일 동안 공기에 노출된 채 놓아 두었던 배양균이 새로 만든 균과 달라진 것을 발견하였다. 그러나 어떤 결정적인 결론을 내리기 전에, 먼저 자기가 발견한 사실을 확인하기로 했다. 그래서 그는 새로 콜레라균을 배양하여 몇 개의 시험관에 나누어 넣었다.

시험관의 마개는 모두 열어 놓았다. 그 날로 그는 즉시 한 시험관 속의 배양균을 암탉 몇 마리에게 주었더니 10마리 가운데 8마리가 죽었다. 며칠이 지나서 그는 다른 시험관의 배양균을 또 다른 10마리의 암탉에게 주었는데 이번에는 5마리가 죽었다. 다른 시험관의 배양균도 처음에는 며칠 간격을 두고, 다음에는 몇 주일씩 간격을 두고 차례로 써 보았다. 예상한 대로 그는 배양균을 공기에 노출시켜 두면, 암탉에게 병을 일으키는 힘이 점점 약해져간다는 것과 마지막에 가서는 암탉이 가벼운 병에 걸렸다가 곧 회복된다는 사실도 알게 되었다.

파스퇴르는 전부터 전염병에 관해 깊이 알고 있었던 덕택으로, 자기가 관찰해 온 결과를 이용할 '준비가 되어 있다.'는 것을 밝혔다. 그는 제너가 우두에 걸린 사람은 좀처럼 천연두에 걸리지 않는다는 사실을 발견했음을 생각해 냈다(제5장 참조). 그래서 그는 만약 닭을 가벼운 콜레라에 걸리게 하면, 회복된 후 다시는 같은 병을 심하게 앓지 않으리라고 생각하였다. 즉 닭은 이미 그 병을 가볍게 앓았으므로 이 병을 막는 면역을 얻을 것이다.

그래서 그는 몇 마리의 암탉에게 묵은 배양균을 먹여 닭콜레라를 가볍게 앓게 하고 회복되기를 기다렸다. 그러고 나서 이번에는 암탉들에게 새로 만든 맹독성의 균을 주었다. 이번에는 암탉들이 살아남았다. 그것을 보고 그는 몹시 기뻐하였다. 공기에 노출시킨 묵은 배양균을 미리 먹었던 덕택에 암탉들은 닭콜레라에 걸리지 않게 된 것이다. 그는 목숨에 관계되는 병을 퇴치하는 방법을 찾아 낸 것이다.

파스퇴르와 제너

파스퇴르는 제너의 아이디어를 사용하였기 때문에, 제너를 칭찬하고 싶어 자기의 방법을 백시네이션(예방 접종)이라고 이름 붙였으며, 가벼운 병을 일으켜 면역을 얻게 하는 배양균을 '백신'이라고 불렀다. 이것은 모두 라틴어로 암소를 뜻하는 '바카(Vacca)'에서 유래되었는데, 이는 곧 제너가 우두의 고름을 사용한 것을 상기시키게 한다.

그러나 파스퇴르의 예방 접종과 제너의 그것 사이에는 중요한 차이점이 하나 있었다. 제너는 단 하나의 병, 천연두만을 예방하는 백신을 발견했고, 다른 전염병을 막는 방법이 그 이상 진보하느냐, 그렇지 않느냐는 오직 자연이 이들 병에 대해 마련한 효과적인 백신을 우연한 기회에 발견하느냐, 못 하느냐에 달려 있다고 생각하였다.

그런데 파스퇴르는 그런 우연한 기회를 기다릴 생각이 없었다.

대신 그는 닭콜레라 배양균을 사용한 실험에서 얻은 지식과 아이디어를 다른 전염병의 병원균 배양에 응용하였던 것이다. 마침내 그는 공기에 노출시켜 두는 간단한 방법이, 어떤 전염병의 배양균에 대해서는 잘 적용되지 않는다는 것을 알아 냈다. 그러나 실험을 거듭한 결과, 그는 몇 가지 무서운 전염병의 백신을 만드는 새로운 방법을 발견하였다.

또한 그 무렵 파스퇴르는 프랑스 농민들을 곧잘 파멸 상태로 몰아넣던 무서운 병과 싸우는 방법을 연구하고 있었다. 그것은 **탄저병**이라는 가축의 전염병인데 한참 유행할 때는, 몇천 마리의 양, 소, 말들이 죽어 갔다. 그는 실험실 안에서 이 병에 대한 백신을 만드는 방법을 발견하였다. 파스퇴르가 이것을 얼마나 획기적으로 사용했는지는 다음 장에서 설명하기로 한다.

탄저병(炭疽病) 이란?
농작물의 과실, 줄기, 잎에 누런 갈색의 병 무늬가 생기고 붉은색의 분생포자 덩어리가 생기는 병. 탄저균으로 인하여 내장이 붓고 혈관에 균이 증식되며, 소, 말, 양 따위 초식 가축에 주로 발생하고 사람에게 옮기도 한다.

09

파스퇴르, 탄저병 백신을 만들다

예방접종의 공개 실험

공 개 실 험 에의 도 전

파 스 퇴 르 의 위 대 한 승 리

막 대 한 경 제 적 효 과

과학자가 공개된 장소에서 실험을 통해 자기가 주장하는 이론이 옳다는 것을 증명하라고 도전받는 일은 과학사에서 여러 번 있었다. 몇몇 과학자들은 많은 구경꾼 앞에서 대대적인 실험을 할 때의 조건이, 설비 좋은 편리한 실험실 안에서 관계자끼리 소규모의 테스트를 할 때 갖추어지는 조건과는 판이하게 다른 것을 알면서도 감히 그 도전을 받아들인다. 1881년, 프랑스에서도 이와 같은 도전이 있었는데, 그것은 즉시 받아들여졌고 온 세계의 주목을 끌게 되었다.

(파스퇴르, 탄저병 백신을 만들다)

1881년이 되자 파스퇴르 교수의 업적은 널리 알려지게 되었다. 그리고 어느 유명한 신문은 그를 가리켜 '프랑스 과학의 영광'이라고까지 부를 정도였다. 면양의 탄저병에 관한 그의 이론은 사방에서 논의의 대상이 되고 있었다.

탄저병은 일반 농가에서는 공포의 대상이었는데 특히 면양을 기르는 사람들은 이 병을 극도로 무서워했다. 이 병 때문에 목양업자가 입는 손해는 연간 수백만 프랑이나 되었다.

면양이 탄저병에 걸리면 다리가 몹시 약해져서 무리를 따라다니지 못하게 되고, 비틀거리다가 갑자기 죽어 버리기 때문에 양치기들도 자기가 기르는 양들이 계속 쓰러지는 것을 보고서야 비로소 양떼가 이 병에 걸린 것을 알게 되는 경우가 많았다.

파스퇴르는 자신의 연구 결과, 탄저병으로 죽은 동물의 세균은 살아 있는 동물에게로 옮기 때문에 이 병이 퍼진다는 결론을 내렸다. 그러므로 건강한 동물이 균에 오염된 목초지―탄저병으로 죽은 동물이 묻힌―의 풀을 먹으면 곧 전염되리라고 생각하였다.

그러한 땅에서는 병으로 죽은 동물의 시체를 먹고 사는 벌레들이 세균을 몸에 지니고 땅 위로 나오기 때문이다.

파스퇴르는 탄저병의 백신을 만드는 데 성공하였지만(제8장 참조) 많은 의사나 수의사들은 그가 만든 백신을 사용하는 데에 반대했다. 그런데다가 파스퇴르의 태도가 워낙 고자세여서 남들의 비판에 전혀 귀를 기울이려 하지 않았으므로 그의 이론은 많은 사람들로부터 더욱 따돌림을 당했다.

공개 실험에의 도전

어느 날 파스퇴르는 면양을 우리 속에 가둬 놓는 계절이 오면 자기가 만든 백신을 대규모로 사용해 보고 싶다고 공언하였다. 그러나 어떤 수의사가 잘 됐다는 듯 말꼬리를 잡아, 자기가 공개 실험을 주선하겠다고 나섰다.

그는 만일 파스퇴르의 발견이 진짜라면 동료 과학자들뿐 아니라 목양업자들에게도 마땅히 적용시켜야 한다고 장담하였는데, 바로 그 말대로 되고 말았다. 많은 농가와 그 밖의 여러 관계자들이 실험 비용에 쓰일 돈을 대겠다고 약속했으며, 믈룅(Melun)의 농업회는 이 실험을 주최하는 데에 동의하였다.

파스퇴르는 많은 의사와 수의사, 그리고 발기인조차도 자신의 실험이 실패하기를 바라고 있다는 것을 알고 있었다. 또한 자신의 방법이 많은 웃음거리가 되고 있다는 것도 알고 있었다.

그러나 그는 성공을 자신하고 있었다. 실험실 안에서 14마리의 면양으로 이미 성공한 바에야, 목장의 50마리의 양으로도 똑같이 잘 될 것을 믿고 있었다. 그래서 그는 만에 하나 실패하면 비웃음을 사리라는 것을 알면서도 이 위험한 도전을 흔쾌히 받아들였다. 그는 실험을 승낙했을 뿐만 아니라 전혀 필요치 않은 일까지도 하였다. 어느 날에 그가 무엇을 하고, 또 어떤 일이 일어날 것이라는 계획을 자세하게 써냈던 것이다. 일이 이쯤 되자 아무리 사소한 실패라도 변명은 있을 수 없게 되었다.

파스퇴르의 친구 중 하나가 말한 대로 그는 배수의 진을 치고 있었다. 이에 대해 한 의학 잡지의 편집자는 이렇게 쓰고 있다.

단일 그가 성공한다면, 그는 자기 나라에 막대한 이익을 안겨 줄 것이다. 그의 적들은 옛날처럼 그의 머리에다 월계관을 씌우고, 일찍이 불멸의 승리자가 탔던 수레 뒤에서 쇠사슬에 묶인 채 머리를 떨구고 따라가는 각오를 하지 않으면 안 되리라. 어쨌든 그는 성공하지 않으면 안 된다. 지금 말한 것은 승리에 대한 보상인 것이다. 파스퇴르 씨여! 타르페이아(Tarpeia)의 바위는 카피톨(Capitol)의 곁에 있다■는 것을 잊지 말지어다.

타르페이아의 바위란 고대 로마의 처형장으로서, 반역자는 이 바위 위에서 던져 죽었다. 카피톨은 이 바위 위에서 조금 떨어진 거리에 있는 신전인데, 승리를 거두고 개선한 사람들이 공식적인 의식으로 환영받던 영예로운 곳이었다. 위의 문귀는 치욕적인 죽음과 빛나는 명예가 서로 마주하고 있음을 의미한다.

파스퇴르의 위대한 승리

공개 실험을 주선하기로 나섰던 예의 수의사는 푸이르포르에 있는 자기네 목장을 실험 장소로 제공하였다. 그 곳은 믈룅 근처의 마을인데, 누구나 쉽게 알 수 있는 곳이었다. 1881년 5월 5일, 실험 준비는 모두 갖추어졌고 프랑스의 신문은 이를 대대적으로 선전하였다. 세인의 관심은 영국에까지 퍼져 런던의 '더 타임즈'에서는 통신원을 보내기까지 했다. 농업인, 화학자, 의사, 수의사들이 이 곳으로 모여들었는데, 많은 사람들은 확신한 듯 아무 거리낌 없이 이 실험이 실패하리라고 떠들어 댔다.

60마리의 면양이 파스퇴르에게 마음대로 하도록 맡겨졌으나, 그

접종을
받지 않은
양들의 죽음

는 나중에 비교하기 위해 그 중 10마리는 손을 대지 않고 그대로 남겨
두고 나머지 50마리는 두 무리로 나누었다. 파스퇴르와 조수들은 25
마리를 다른 무리와 구별하기 위해 한쪽 귀에 구멍을 뚫고 즉시 이들
에게 그가 만든 탄저병 백신을 접종시켰다. 그런 다음 50마리의 면양
을 목장에 풀어놓았다.

　그 다음 2주일 사이에, 접종을 받은 면양들은 가벼운 병을 앓았

으나 모두 회복하였다. 5월 17일 파스퇴르와 그의 조수들은 목장으로 찾아가서 백신을 한 번 더 접종하였다. 그 후 면양들을 두 번째의 병에서 회복되는 그 달 말까지 그대로 내버려 두어졌다.

2주일 후인 5월 31일에 파스퇴르와 조수들은 또 목장으로 갔다. 이번에는 50마리의 면양 전부를 붙잡아다가, 맹독의 새 배양균을 오른쪽 넙적다리에 주사하였다. 파스퇴르는 6월 2일까지 접종하지 않은 25마리의 면양 전부는 죽을 테지만 접종받은 면양은 1마리도 죽지 않고 병의 증상을 전혀 나타내지도 않을 것이라고 장담하였다.

6월 2일에 많은 구경꾼들이 목장에 모였다. 그 중에는 믈룅 농업회의 회장, 농림성의 고관, 의사와 수의사, 기병사관, 유럽의 여러 나라에서 온 신문사 특파원들도 있었다.

그들을 기다리고 있던 광경은 파스퇴르가 예언했던 그대로였다. 땅에는 22마리의 면양이 나란히 죽어 있었다. 그 옆에는 2마리의 면양이 마지막 숨을 몰아쉬고 있었는데 그 놈들도 한 시간이 채 지나기 전에 죽었다. 25마리 가운데, 남은 1마리도 중병에 걸려 있었으나 결국 그 날을 못 넘기고 죽고 말았다. 그러나 접종을 받은 면양들은 모두 살아 있었다.

어느 유명한 신문의 통신원은 자신의 기사를 다음과 같이 매듭지었다.

25마리의 시체가 한 곳에 묻혔으니 언젠가는 그 위에 오염된 풀이 자랄 것이므로 그것을 가지고 또 접종한 면양과 접종하지 않은 면양으로 실험을 하지 될 것이다. 그러나 그 결과는 벌써 뻔하며 이제 농업계는 문제의 병에 대해 의심할 여지없이 예방법이 있다는 것을 알게 되었다. 그 예방법이란 값비싼 것도 아니고 어렵지도 않다. 단 한 사람으로 하루에 1,000마리의 면양에게 접종을 시킬 수 있게 되었다.

막대한 경제적 효과

이렇게 해서 파스퇴르는 세상 사람들이 보는 앞에서, 동물들을 죽음의 병으로부터 지키는 방법을 실험으로 그 효력까지도 증명해 보였다. 또한 그 후에 얻은 경험으로, 봄에 접종을 하면 그 동물은 거의 확실하게 1년 간 병에 걸리지 않게 된다는 것도 알게 되었다.

접종을 받지 않았을 때는 매년 약 9,000마리가 이 병에 걸려 죽던 것이 공개 실험이 행해지고 2년 동안에, 10만 마리에 가까운 동물이 접종을 받은 뒤 탄저병으로 죽은 것은 고작 650마리에 불과했다.

그 후 12년 동안 300만 마리 이상의 동물들이 이 접종을 받았는데, 조수 중 한 사람은 이렇게 어림잡고 있다.

"파스퇴르의 방법으로 얻어진 프랑스 농업의 비용 절감은 적어도 면양에서 500만 프랑, 소와 그 밖의 뿔 달린 가축의 경우 200만 프랑이나 되었다."

파스퇴르를 지지한 어느 영국인은 이렇게 평하였다.

영국에는 자기 나라의 화폐를 기준으로 하지 않으면 과학적 업적의 가치를 평가할 수 없는 직관력이나 교육이 부족한 사람들이 꽤나 많기 때문에, 나는 그런 사람들을 위해 파스퇴르의 발견 하나만으로도 그의 나라 프랑스에 10년간 28만 파운드나 벌게 한 셈이 되었다는 것을 지적해 두고자 한다.

각기병의 원인을 알아내고 비타민을 발견한 에이크만

페니실린을 발견한 플레밍

동물의 먹이에서 건강을 유지하기 위해
필요한 필수 영양 요소, 즉 비타민을
발견한 홉킨스

자연 선택에 의해 새로운 종이
기원한다는 자연선택설을
주장한 찰스 다윈

이 책에 나온
등장인물들이에요!

2탄

오랫동안 영국왕립학회의
회장을 지내며 자연과학 진흥에
많은 기여를 한 뱅크스

농산물 수입을 제한하는
곡물법 철회의 주역 필경

수중 터널을 만드는 도구인 '터널링 실드'를 고안하고,
인쇄기 등을 발명한 브루넬

찰스 다윈과는 독립적으로 자연 선택을
통한 종(種)의 기원론을 발전시킨 월리스
'적자생존'이라는 단어를 탄생시킨 장본인이다.

각 기 와 쌀 밥

10

닭 이 **각 기** 에 걸 리 다

비타민의 위력

죄 수 를 대 상 으 로 한 **실 험**

단 백 질 검 출 법 의 우 연 한 실 패

홉 킨 스 의 **신 물 질** 실 험

비 타 민 의 존 재 가 확 립 되 다

(각기와 쌀밥)

열대의 나라에서 태어나 자란 사람들은 온대 지방에서 거의 볼 수 없는 병에 걸리는 수가 있다. 그 중의 하나가 '각기'인데, 때로는 이 병으로 목숨을 잃는 일도 있다. 옛날에는 일본, 말레이 반도, 필리핀 군도, 인도네시아 등 아시아 지역에서 매년 수만 명의 사람들이 이 병으로 죽었다.

각기에 걸리면 몹시 피로를 느끼게 되고 기운이 없어진다. 그러다 다리가 붓고 힘이 없어지며, 걷기가 어렵게 되어 마침내는 일어서지도 못하게 된다. 이 병이 심해지면 숨이 차고 손발이 마비되며 그 밖에도 여러 가지 고통스러운 증상들이 나타난다. 그리고 결국에 가서는 대개 심장이 약해져서 죽게 되는 것이다.

아시아의 가난한 사람들은 식사 때 곡식 외에 고기나 야채 등 여러 가지 음식을 먹는 서구 사람과는 달리, 거의 쌀로 주식을 삼고 있다.

쌀은 벼의 열매이다. 벼 이삭을 탈곡기에 걸어서 열매만 딴 것이 벼인데 이는 노랗고 두꺼운 껍질에 싸여 있다. 원시적인 방법으로는 이것을 손으로 두들기면 두꺼운 껍질만 벗겨진다. 이것을 현미라고 하는데, 이는 훗날 새 식물로 자랄 부분인 씨눈과 녹말을 포함하고 있으며 어린 식물이 자랄 때 양분을 공급하는 배유(胚乳)로 이루어져 있고 바깥쪽은 얇은 각피에 덮여 있다.

이 각피가 있기 때문에 현미는 엷은 갈색으로 보이며 맛도 없고 소화도 잘 되지 않는다. 그래서 맛과 외양을 좋게 하기 위해 현미를 빻아 각피와 씨눈을 떼어 버리게 된다. 이와 같은 정미 과정을 거쳐서 현미는 흰쌀이 되며 이 때 떨어져 나간 각피와 씨눈을 쌀겨라고 한다.

각기가 어떤 원인으로 일어나는지는 오랫동안 아무것도 알려지지 않았다. 그러나 점차 쌀밥이 이 병과 관계가 있는 것 같다는 증거가 하나 둘 모아지게 되었다.

1880년, 일본 해군의 다까기 가네히로(高木兼寬) 군의관은 군함의 일부 승무원에게 일반적인 식사와 다른 식사를 하게 하여 그 결과를 조사해 보려고 하였다. 승무원들은 육상에 사는 같은 나라 사람들과 마찬가지로 언제나 쌀과 약간의 고기, 그 밖의 것들을 먹고 지내 왔다. 그는 일부 승무원에게 보리와 여러 가지 야채, 생선에다 그 전보다 많은 고기를 먹게 하고 쌀은 아주 조금밖에는 주지 않았다. 그랬더니 이 승무원들은 거의 각기에 걸리지 않았다.

닭이 각기에 걸리다

9년 후에 네덜란드령인 동인도(지금의 인도네시아)의 식민지군에서

각기에 걸린
닭

근무하게 된 젊은 네덜란드 군의관 크리스찬 에이크만(Cristian Eijkman, 1858년~1930년)은, 그 무렵 네덜란드 식민지의 육·해군에서 기승을 부리던 각기를 연구하기 위해 설립된 과학위원회의 멤버가 되었다.

그는 바타비아(지금의 자카르타) 육군 병원의 신설된 연구소에 배속되었다. 어느 날 그는 병원의 양계장에서 기르던 닭들이 갑자기 병에 걸린 것을 알았다.

닭들은 다리가 약해져서 비틀거리는 놈도 있었고, 심지어는 전혀 일어서지 못하거나 몸이 온통 마비되어 움직이지 못하는 것조차 있었다. 후에 그는 자신의 연구에 관한 글을 썼을 때 다음과 같이 주석을 달았다.

어떤 우연한 사건이 나를 바른 길로 인도하였다. 바타비아의 연구소

양계장에서 갑자기 닭병이 생겼는데, 그것은 많은 점에서 사람의 각기와 놀랄 만큼 유사했다. 그래서 나는 그것을 집중적으로 연구하기로 마음먹었다.

그는 암탉들을 세심하게 관찰하였는데 어느 새 갑자기 이 병이 없어져 몹시 놀라지 않을 수 없었다. 다시 병에 걸리는 닭은 생기지 않았고, 그 동안 병에 걸렸던 닭들도 차츰 건강을 되찾기 시작하였다.

그는 몹시 의아해하였으나 곰곰이 생각한 끝에 먹이가 원인일지도 모른다는 생각이 들었다. 그래서 조사를 계속해 보니 다음과 같은 사실을 알게 되었다. 부하 직원 한 사람이 병원의 주방에서 흰쌀을 가져다가 닭에게 먹여 왔는데, 얼마 안 있어 그는 다른 취사장으로 옮겨가게 되었다. 그 일을 맡은 사람은 환자용 흰쌀을 닭에게 주는 것에 반대하여 정미하지 않은 현미를 먹이고 있다는 것이었다.

에이크만 박사는 모이를 바꿔 먹이게 된 날짜를 신중히 대조해 보았다. 그 결과, 암탉들이 병에 걸린 것은 병원의 주방에서 흰쌀을 가져다가 먹이기 시작한 직후였으며, 현미를 먹이고부터 곧 회복한 사실도 알게 되었다.

그러나 그는 먹이의 변화가 원인임을 의심할 여지가 없도록 확인하고 싶었다. 그래서 몇 마리의 암탉은 현미로 기르고, 다른 몇 마리의 암탉은 흰쌀을 먹여 길렀다. 그러자 흰쌀을 먹인 닭의 대부분은 병에 걸렸으나, 현미를 먹인 닭은 아무렇지도 않았다. 그런 다음에 그는 병에 걸린 닭을 현미로 기르고 건강한 닭에게는 흰쌀을 먹여 보았다.

그랬더니 이번에는 병든 닭은 점차 회복되었으나, 그 때까지 건강하던 닭은 병에 걸렸다. 마지막으로 그는 병에 걸린 닭에게 정미 과정에서 나온 쌀겨를 조금씩 주었더니 닭들은 곧 회복되었다.

죄수를 대상으로 한 실험

이와 같은 일련의 실험에서 에이크만은 문제의 닭병이 쌀을 모이로 준 데에 관련이 있다고 단정해도 될 만한 증거를 얻었다. 그는 사람의 각기도 역시 거의 흰쌀 식사로 말미암아 생긴다고 믿게 되었다. 처음 한동안 그의 의견은 무시되거나 경멸을 당했으나, 동양에 증기를 이용한 정미기계가 들어오자 그것을 뒷받침하는 증거가 사방에서 나타나기 시작했다. 능률적인 정미기계가 쓰이면서 흰쌀의 보급이 확대되었고, 그 때문에 각기 환자가 크게 늘어난 것이다. 어느 유명한 과학자는 각기 환자의 증가 이유를 다음과 같이 설명하였다.

지금까지 주민들은 쌀알의 한 부분(쌀겨)을 거의 남기는 방법으로 처리하여 쌀을 먹었지만, 증기정미기는 이것을 완전히 깎아 내 버렸다. 즉 쌀알이 받는 처리에 따라 각기가 생긴다는 것을 반론의 여지없이 입증할 수 있게 되었다. 1897년 이 사실을 처음으로 입증한 것은 네덜란드의 의사 에이크만이었다.

에이크만은 네덜란드령 동인도에 있던 100개소 이상의 교도소에 수용된 25만 명 이상의 죄수 중에서, 어느 정도의 각기 환자가 발생하였는가에 대해 상세한 자료를 입수하였다.

이 교도소 가운데 37개소에서는 현미를 먹었고 또 다른 13개소에서는 현미와 흰쌀을 혼합해 주었으며 그 밖의 51개소에서는 흰쌀만을 먹였다. 그 가운데 각기 환자가 발생한 교도소의 수는 다음과 같았다.

현미를 준 37개소 중 — 1개소
현미와 흰쌀을 혼합해 준 13개소 중 — 6개소
흰쌀을 준 51개소 중 — 36개소

교도소 수를 헤아리는 대신 각기에 걸린 죄수의 수를 셈하여 보면 죄수 1만 명에 대해 각기 환자의 수는 다음과 같다.

현미를 먹는 죄수 중 — 1명
현미와 흰쌀의 혼합식을 한 죄수 중 — 416명
흰쌀을 먹는 죄수 중 — 3,900명

단백질 검출법의 우연한 실패

마침내 몇 사람의 과학자들은 각기와 쌀밥이 어떠한 관계에 있는

지 연구하기 시작하였다. 19세기 말부터 20세기 초에 걸쳐, 사람의 질병은 먼저 세균에 의해서 생긴다고 생각하는 것이 습관처럼 되어 있었다. 그래서 과학자들은 각기의 원인이 되는 세균을 찾아 내려고 하였으나 실패하고 말았다.

1900년이 되자 프래드릭 홉킨스(Frederick Gowland Hopkins, 1861년~1947년)는 뜻밖의 사건이 실마리가 되어 음식과 질병의 관련성에 관해 지금까지와는 다른 각도에서 연구하게 되었다.

그 이상한 사건이 일어난 것은 홉킨스가 케임브리지 대학의 실험실에서 어떤 강의에서 단백질의 검출법을 가르치고 있을 때였다.

단백질은 여러 가지 성분으로 구성된 복잡한 혼합물인데, 이를테면 달걀의 흰자, 기름기가 적은 살코기, 곡식, 콩 종류의 일부 종자 안에 들어 있다. 학생 한 사람 한 사람에게 실험용의 단백질을 나누어 주고, 그것에 다른 몇 가지 물질을 첨가하도록 지시하였다. 초산도 이러한 물질 가운데 하나였다.

가르쳐 준 대로만 하면 어느 학생이든지 보랏빛 용액을 얻게 마련이었는데, 학생 가운데 존 멜런비(John Mellanby) ― 훨씬 뒤에 옥스퍼드 대학의 생리학 교수가 된 ― 는 지시대로 주의 깊게 실험을 하였으나 액체는 보랏빛으로 되지 않았다. 그는 자신의 실패를 보고하였고, 홉킨스는 그 병의 초산을 사용하여 실험을 거듭해 봤으나 그 역시 보라색을 낼 수 없었다. 그래서 다른 병을 써서 실험했더니 이번에는 보랏빛이 되었다. 그는 이 일에 필시 무슨 중요한 것이 감추어져 있다고 느꼈다.

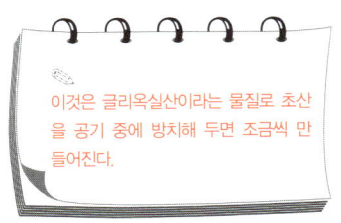

이것은 글리옥실산이라는 물질로 초산을 공기 중에 방치해 두면 조금씩 만들어진다.

홉킨스는 젊은 연구원 한 사람의 도움을 얻어 멜런비에게 준 초산이 완전히 순수한 것이었음을 확인하였다. 한편 그 실험실에 있었던 다른 모든 병의 초산에는 극히 적은 양의 불순물이 섞여 있었는데, 그것은 비교적 쉽게 초산으로부터 분리된다는 것을 알았다.

이리하여 액체가 보랏빛으로 변하는 원인이 불순물에 있으며, 순수한 초산이 아니라는 놀랄 만한 사실이 발견되었다. 이것은 전혀 생각지도 않은 사실로서, 이전에 이런 사실을 예상케 하는 이유를 조금이라도 알아차린 사람은 하나도 없었다. 불순물은 분리되고 분석되었는데 그것은 이미 잘 알려져 있는 화합물임이 분명히 밝혀졌다.

홉킨스의 신물질 실험

홉킨스는 이 불순물을 사용하여 많은 실험을 하였는데 그 결과에 다시 한 번 놀라게 되었다. 그것인즉, 그 불순물이 바로 단백질에 포함되어 있는 많은 물질 가운데서 오직 한 가지에만 작용한다는 것이다. 그 단 한 가지 물질이란 그가 처음으로 알게 된 물질인데, 실제로 그 이전에는 과학계에 알려지지 않았던 것이다. 그래서 그는 그 물질이, 대량의 단백질 속에도 극히 미량밖에 포함되어 있지 않다는 것을 알아 냈다.

쥐를 관찰하는
홉킨스

　홉킨스와 그의 조수들은 그것을 단백질 안의 다른 물질로부터 분리하였다. 그들은 단백질의 이 극히 작은 부분이 인간이나 다른 동물의 먹이 속에서 어떤 역할을 하는가에 대한 의문을 가지지 않을 수 없었다. 그래서 그들은 이 신물질이라든가 화학적으로 같은 부류에 속하는 다른 물질이 동물의 생존과 성장에 어떤 영향을 미치는지 알아내기로 하였다.

　홉킨스의 연구팀은 쥐를 길러서 많은 실험을 하였다. 어떤 쥐에게는 이 신물질이 전혀 들어 있지 않은 먹이를 주고, 다른 쥐에게는 이 신물질 중의 하나를 미량으로 섞은 먹이를 주었다. 그 결과 최초의 신물질이 어떤 유익한 결과를 가져온다는 것이 밝혀졌는데 홉킨스는 이에 관해서 다음과 같이 쓰고 있다.

비타민의 위력

119

이것을 포함하지 않은 먹이로 키운 쥐는 처음에 지쳐서 잠만 자다가 먹고 싶은 대로 먹이를 잔뜩 주어도 성장이 멎고 체중이 줄었으며 결국에 가서는 대부분이 경련을 일으켰다. 그러나 신물질을 미량으로 섞은 먹이를 준 쥐는 발육이 좋았고 항상 건강하였다.

헨리 데일 경(Sir Henry Dale)이 말하듯이 '이 연구는 포유류가 살아가고 성장하기 위해서 먹이 중에 어떤 특별한 물질이 존재하지 않으면 안 된다는 것, 또 어떤 먹이 가운데 그것이 존재하지 않을 때 이것을 첨가하면 천연으로 함유하고 있을 때와 똑같은 효과를 거둘 수 있음을 처음으로 분명하게 보여 주었다.

비타민의 존재가 확립되다

홉킨스는 1912년에 자신의 실험 결과를 공표하였는데 같은 해에 카지미르 풍크(Casimir Funk, 1884년~1967년)라는 미국의 과학자도 음식 가운데 없어서는 안 될 물질의 부족에 관한 실험 결과를 발표하였다. 이 없어서는 안 될 물질이 오늘날에 와서는 비타민이라고 불리며, 많은 종류의 비타민이 쌀에 포함되어 있으니 이것은 정미 과정에서 제거되는 부분에만 존재한다는 것을 밝혀냈다. 따라서 각기가 생기는 원인은, 흰쌀의 식사에 이 미량의 비타민이 존재하지 않기 때문으로 밝혀지게 되었다.

많은 과학자들은 비타민의 존재와 그 가치에 관한 우리들의 지식을 진보시켜 주었다. 그러한 헨리 테일 경이 말한 대로, "직접이든 간접이든 간에 홉킨스를 이 신물질의 발견으로 이끈 것은, 홉킨스가 상급생인 존 멜런비에게 나누어 주었던 특별한 병의 초산이 마침 단백질의 착색 반응을 일으킬 수 없었기 때문이었다."

에이크만도 홉킨스도 다 같이 우연한 관찰이 실마리가 되어 위대한 발견에 이르게 되었다. 그들을 결합시키는 또 하나의 이유는 1929년에 이 두 사람이 모두 노벨상 수상자로 선발되어 상금을 나누어 갖게 되었다는 사실이다. 이것은 두 사람이 생애의 대부분을 바쳐서 연구한 그 분야에 주어진 최고의 포상이었다.

11

페니실린, 그 우연한 발견

배 양 기 에 섞 여 들 어 간 곰 팡 이

곰 팡 이 에 서 페 니 실 린 으 로

플 로 리 의 페 니 실 린 분 리 법

행 운 을 낳 은 세 가 지 요 소

1928년, 런던의 세인트 메리 병원 의과 대학의 알렉산더 플레밍(Sir Alexander Fleming, 1881년~1955년) 교수는 어떤 병균에 관한 실험을 하였다. 실험을 하기 위해 그는 널따란 원형의 페트리 접시 속에서 세균을 길러 콜로니(Colony, 群落)를 만들게 했다.

페트리 접시는 지름이 10cm 가량의 유리접시인데, 꼭 닫히는 뚜껑이 있어서 과학자들은 이 속에 세균과 세균의 먹이가 되는 물질(배양기, 培養基)을 넣어 번식시킨다. 배양기는 따뜻한 액체의 형태로 있을 때 페트리 접시 속에 부어 넣는데, 이것이 식으면 굳어져서 젤리 상태가 된다.

플레밍은 보통의 세균 배양법을 사용하였다. 부스럼이나 종기에서 세균을 채취하여 배양할 때에는 우선 백금으로 된 철사 고리를 불꽃에 넣고 달구어 그것에 붙어 있는 다른 세균을 모조리 죽여 버린다. 그런 다음 그 철사로 배양기의 표면에 대고 지그재그 모양으로 그으면 고름 안에 있던 세균의 일부가 배양기로 옮는데, 이 세균은 배양기 위에서 점점 불어나 수천 수만의 배양균을 만들어 낸다.

배양기에 섞여 들어간 곰팡이

과학자들은 배양기를 조사하고자 할 때 외에는 세심한 주의를 기울여 페트리 접시의 뚜껑을 꼭 닫아 두지 않으면 안 되었다. 각양각색의 세균들이 끊임없이 공중에 떠돌고 있으므로 뚜껑을 열었을 때 그것들이 배양기에 떨어질지도 모르기 때문이다. 그렇게 되면 잘못 들어간 잡균은 힘차게 번식해서 연구를 위해 특별히 준비한 배양기를 망쳐 버릴 수가 있는 것이다. 뚜껑을 덮어 두지 않으면 안 되는 또 하나의 이유는 페니실린의 발견과 중요한 관계가 있다.

곰팡이를 본 적이 없는 사람은 아마 없을 것이다. 오래된 빵, 치즈, 잼, 가죽 등에 곧잘 피는 이 곰팡이는 아주 작은 식물로서 놀랄 만큼 많은 종류가 있다. 일반적으로 흔히 볼 수 있는 것은 청록색의 푸른 곰팡이로서, 페니실륨(Penicillium)이라고 불리는 종족에 속한다.

이 곰팡이는 현미경으로 들여다보면 매우 아름답고 칫솔의 자루처럼 짧고 굵은 축을 갖고 있으며, 거기에서 수많은 가느다란 가지가 솔의 털과 같이 돋아 있다. 솔을 라틴어로 '페니킬루스'라고 하는데, 이 곰팡이의 종족명 페니실륨은 이것으로부터 온 말이다.

곰팡이는 밭이나 정원에서 자라는 보통 식물과는 달리 꽃이 피지 않거니와 열매도 맺지 않는다. 그러나 곰팡이가 성숙하면 일부의 가지 끝에 둥근 혹이 생기고 이것이 영글어 터지면 그 속에서 가루 같은 것이 나온다. 이 가루는 포자(胞子)라고 불리며 매우 가볍기 때문에 공

플레밍과 페니실린이 발견된 배양접시

기의 흐름을 타고 흩어져 멀리까지 이동한다.

포자가 곰팡이의 먹이 위에 떨어져서 온도나 습기가 적당하면 새로운 식물로 성장하게 된다. 곰팡이에게 가장 적절한 먹이 중 하나는 배양기로 쓰이는 고기 수프의 젤리이다. 그러므로 과학자들은 세심한 주의를 기울여, 배양기에 반드시 뚜껑을 닫지 않으면 안 된다. 그러나 아무리 조심을 해도 공기 중에 떠 있는 수많은 포자로부터 극소수의 것이 이 젤리 위에 묻어 들어오는 것을 막기란 어려운 일이어서, 페트리 접시 속의 젤리에 곰팡이가 피는 것은 흔히 있는 일이었다.

125

곰팡이에서 페니실린으로

어느 날 플레밍 교수는 부스럼에서 채취한 세균에 대해 실험을 하다가 놀라운 발견을 하게 되었다. 젤리에 곰팡이가 붙어 세균이 접시 가득히 번식하던 것이 곰팡이 주위에 아무것도 없는 공간이 생긴 것이다. 그의 말에 의하면, "전에는 잘 자라던 세균의 보금자리였던 것이 이번에는 이전의 자기 자신의 엷은 그림자로 변해 버리고 말았다."는 것이다.

플레밍은 이 곰팡이가 특별한 물질을 만들어 내고, 그것이 주위로 스며 퍼져서 세균의 성장을 저지한 것이 아닌가 추리해 보고 그것을 확인하고자 결심하였다.

그는 과거 어떤 곰팡이도 주위에 그런 공간을 만드는 것을 본 적이 없었기에 그것이 새로운 곰팡인지 아닌지를 밝히지 않으면 안 되었는데, 조사 결과 그것은 페니실륨이라는 매우 큰 종족에 속하는 드문 변종이라는 것을 알게 되었다.

플레밍은 우연히 일어난 이 일을 이번에는 계획적으로 실현시켰다. 우선 먼저 입수한 페니실륨의 이 희귀한 변종을 배양하기 위해 그 곰팡이가 있는 페트리 접시로부터 포자를 조금 떼어 고기 수프의 젤리가 든 다른 접시에 옮겼다. 그러자 곰팡이는 점점 번식하여, 실험에 필요한 충분한 양의 곰팡이를 얻을 수 있었다.

그의 다음 작업은 이 곰팡이가 여러 가지 종류의 세균에 대하여 어떤 효과를 나타내는가를 가려 내는 일이었다. 그는 어떤 병의 세균을 고기 수프의 젤리에 올려놓고 곰팡이의 포자를 더해 보는 간단한 방법을 썼다. 곰팡이가 핀 곳의 주위에 아무것도 없는 공간이 생기면, 곰팡이가 이 병원균에 대하여 적극적으로 작용하고 있음을 알 수 있다.

그는 많은 종류의 세균에 대하여 실험을 반복하면서 어떤 세균은 곰팡이에게 공격을 받지만, 어떤 세균은 아무런 작용도 받지 않는다는 것을 알아 냈다.

그는 곰팡이가 이러한 효과를 나타내는 물질을 포함하고 있든지, 아니면 그것을 만들어 내는 것이 틀림없다고 생각하였다. 만일 이 물질을 곰팡이로부터 추출할 수만 있다면, 이 것으로써 동물의 체내에서 병원균이 성장하는 것을 저지할 수 있으리라고 생각하였다. 그래서 그는 이 것을 해 내려고 그 물질을 곰팡이로부터 **단리**하고자 열심히 노력하였다.

> 단리(單離)란?
> 혼합물 중에서 하나의 원소 또는 화합물을 순수한 형태로 분리하는 일.

플레밍은 이 곰팡이를 젤리가 아닌 액체의 고기 수프 속에서 기른 다음 수프만 걸러 분리하였다. 그리고는 그 수프 몇 방울을 배양한 세균의 콜로니에 첨가하였다. 수프는 곰팡이 그 자체와 똑같이 세균에 작용하였다. 그는 곰팡이가 생산하는 활동 물질은 고기 수프의 액체에 녹아 버린다는 것을 알게 되었는데 이것은 대단한 발견이었다. 그는 세균의 번식을 막는 액체를 얻을 수 있었던 것이다.

이런 액체를 오늘날에는 항생 물질이라고 부르고 있는데 영어의

'안티바이오틱'은 '안티(대항하다)'와 '바이오스(생물)'의 두 낱말에서 온 것이다.

　그는 이 특별한 용액을 '페니실린 용액'이라고 이름을 지었다. 그것은 곰팡이의 페니실륨으로부터 이 물질이 얻어졌기 때문이며, 그에 따라 식물에서 얻어지는 약에는 '인'으로 끝나는 이름을 붙이는 것이 관례가 되었다.

　플레밍 교수는 페니실린을 포함한 용액을 사용하여 많은 실험을 하였는데 인간의 혈액 속에 이것을 주사해도 위험이 없다는 것을 발견하고부터는 더욱 활발히 연구를 계속하였다. 예컨대, 여러 가지 피부의 전염병에 대하여 실험한 끝에 효험이 있는 약품을 넣은 고약보다 그 효과가 훨씬 우수하다는 것을 발견하였다.

　플레밍은 이와 같은 실험을 할 수 있도록 처음에 입수한 곰팡이를 산 채로 보관하다가 사용할 때마다 필요한 분량을 번식시켰다. 이것이 현명하고 유익한 방법이었다는 것은 다음의 설명으로 알 수 있을 것이다.

플로리의 페니실린 분리법

　다음 과제는 용액에서 페니실린을 분리하는 일이었으나 불행하게도 플레밍은 이 일은 성공하지 못했다. 페니실린은 특수한 물질로서, 이에 대하여 어떤 처리를 하면 즉시 다른 물질로 변해 버린다. 이

턴 성질로 말미암아 페니실린의 연구는 오랫동안 잘 진척되지 않았다.

그러던 중 1938년, 옥스퍼드 대학의 하워드 플로리(Howard Walter Florey, 1898년~1968년) 교수가 페니실린 용액을 신중히 연구하게 되었다. 1939년 제2차 세계대전이 일어났을 때 그는 이 연구를 시작하고 있었는데, 마침 전장에서는 병사들의 상처에 세균이 감염되어 사망률이 높아졌기 때문에 병원균의 성장을 저지할 수 있는 물질을 연구하는 일이 당장 절실하였다.

플로리는 조수들과 함께 고기 수프에서 약간의 페니실린을 분리하는 데 성공하여, 1941년 6월에는 이것을 입원 중인 여섯 명의 환자들에게 실험할 수 있었다.

이 치료는 무척 성공적이었으나 불행히도 그 중 두 사람은 준비한 페니실린이 동이 나자 사망하고 말았다. 따라서 이것을 대량으로 제조하기 위해 긴급하게 많은 노력을 쏟지 않으면 안 되는 상황이었다.

그 해가 끝날 무렵 플로리는 미국으로 건너가 많은 과학자들과 협력하여 페니실린을 단리하는 방법을 연구하는 데 박차를 가했다.

미국의 제약업자가 연구소를 이 분야의 과학자들에게 개방하였기 때문에 일은 크게 진척되었다. 몇 해에 걸친 활발한 연구 덕분에 많은 양의 페니실린을 분리하는 방법이 발견되어 마침내 널리 이용할 수 있게 되었다.

페니실린은 디프테리아, 폐렴, 패혈증, 인후염 등의 병과 상처나 창(瘡) 등의 악성 종기, 심한 상처를 입은 사람들의 혈관에 주사하면 놀라운 효과를 나타냈다. 특히 외과 의사들은 수술을 할 때 감염이나 화농을 막기 위해 페니실린을 환자에게 투여하였는데, 그것은 페니실린이 많은 종류의 세균의 성장과 번식을 막아 주기 때문이었다.

행운을 낳은 세 가지 요소

플레밍에 의한 페니실린의 우연한 발견은 헨리 데일 경에 의해 분석되었다. 그는 페트리 접시의 뚜껑을 열었을 때 새로운 세균의 배양기에 곰팡이의 포자가 떨어져 자라는 것은 조금도 놀라운 것이 아니라고 지적하고 있다.

다만 이 경우에 세 가지 특별한 사정이 있었다. 첫째로 젤리 위에 떨어진 포자는 페니실륨 노타툼이라는 곰팡이의 포자였다. 페니실륨이라는 곰팡이에는 수백 가지가 있으나 페니실린을 생산하는 것은 오직 한 종류뿐인데, 만일 페니실륨 이외에 다른 종류의 곰팡이나 몇천 종이 되는 다른 족의 곰팡이 중 어느 한 가지 포자가 플레밍이 사용하였던 배양기에 떨어졌다면 아무 발견도 하지 못했을 것이다. 그러나 페니실린을 만들어 내는 단 한 종류의 곰팡이 포자가 희귀한 우연으로 직경 10cm의 페트리 접시 안에 뚜껑이 열린 기회를 틈타 용케 섞여 들어갔던 것이다.

두 번째 다행스런 사정은, 페니실린이 모든 종류의 세균에 두루

작용하는 것은 아닌데 플레밍이 실험을 위해서 배양한 세균이 페니실린의 작용을 받을 만한 종류였다는 사실이다.

　세 번째는 이 분야를 연구한 사람이 알렉산더 플레밍 교수였다는 사실이다. 곰팡이가 피면 그 세균의 배양은 실패하고, 곰팡이가 핀 배양기는 예외 없이 버리게 마련이다. 그런데 어쩌다가 이상한 것을 빈틈없이 찾아 나는 의학적 박물학자의 안목을 가진 플레밍 교수였기에, 곰팡이가 핀 곳 둘레에 종기의 세균이 없는 공간을 후광처럼 볼 수 있었다. 그가 이렇듯 100만분의 1의 기회를 포착하여 추구한 덕분에 훗날 페니실린의 사용에 의해 수만 수십만의 귀한 생명이 구해질 수 있게 된 것이다. ■

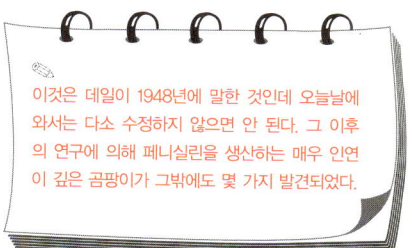

이것은 데일이 1948년에 말한 것인데 오늘날에 와서는 다소 수정하지 않으면 안 된다. 그 이후의 연구에 의해 페니실린을 생산하는 매우 인연이 깊은 곰팡이가 그밖에도 몇 가지 발견되었다.

페니실린, 그 우연한 발견

131

식 물 분 류 의 확 립 자 린 네

국왕의 프리깃 함에 쫓기며

영 국 에 팔 린 **린 네** 의 컬 렉 션

스 웨 덴 군 함 의 추 적

린 네 학 회 의 창 립

사 실 은 추 적 당 하 지 않 았 다

식물 분류의 확립자 린네

칼 폰 린네(Carl von Linné, 1707년~1778년)는 스웨덴
의 작은 마을에서 목사의 아들로 태어났다. 그는
20세 때 룬드 대학에 입학하였는데, 다행히도 입착
잎새, 광물, 조개, 새와 같은 표본의 훌륭한 컬렉션
을 가진 의사 집에서 지낼 수 있었다.

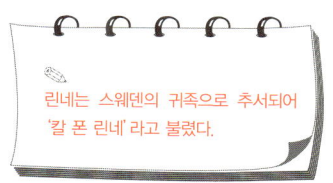

린네는 스웨덴의 귀족으로 추서되어
'칼 폰 린네'라고 불렸다.

1730년 린네는 식물학 교수의 조교가 되었고, 식물원의 관리를
맡게 되었다. 그 후 수년 간 그는 식물 조사 여행을 위해 라플란드를
비롯한 여러 지방을 다녔으며, 또 영국을 포함한 많은 나라들을 방문
하였다. 스웨덴으로 돌아오자 곧 그는 웁살라 대학의 식물학 교수로
임명되었다.

린네의 위대한 업적은 식물의 그룹을 족(族)으로 분류한 일이었
다. 그가 이 시스템을 발명한 것은 아니었으나, 이미 있어 온 시스템
을 철저하게 개량하였기에 식물의 계통적 연구 분야에서 뛰어난 개척
자로 평가되는 것은 당연한 일이다.

그의 식물 분류는 주로 꽃의 수술이나 암술 등 쉽게 관찰할 수 있
는 것을 기초로 하고 있어서, 아주 간단하면서도 쓰기 쉽고 과학적이

기 때문에 유럽이 모든 식물학자들이 이것을 곧 채용하였다.

식물 조사 여행을 하는 동안 그는 제자들과 함께 여러 가지 식물, 곤충, 광물의 표본을 수없이 모아 보존하였으며, 이를 위해 특별히 세운 박물관에 소장하였다.

린네는 열성적인 수집가였을 뿐 아니라 무척 부지런한 저술가이기도 해서 180권 이상의 책을 출판하였다. 그는 많은 나라의 식물학자들과 서신을 교환하였는데, 보내고 받은 대부분의 편지의 사본들을 보존하였다. 또 린네는 동물계에 관해서도 철저한 연구를 하였는데 그가 동물에 관한 여러 사실을 다룬 방법은 간단명료하고도 계통이 정연하게 정리되어 있는데다가 대단히 모범적이어서 당시의 동물학자에게는 경의를 가질만한 것임에 틀림없다고 전해지고 있다.

영국에 팔린 린네의 컬렉션

린네가 1778년에 타계했을 때, 생물학 연구자들에게 더없이 귀중하고 훌륭한 자료의 컬렉션이 남은 것은 실로 놀라운 일이 아닐 수 없었다. 그는 자신의 컬렉션 가운데 과학적으로 가장 가치 있는 부분, 즉 식물 표본을 사후에 그가 오래 봉직한 대학에서 사줄 것을 기대하여, 유언으로 그의 아내와 딸에게 남겼다. 수집품의 나머지는 교수로서 그의 뒤를 계승한 아들에게 남겼다.

린네가 사망했을 무렵, '유럽에서 가장 부자이며 또 열성을 가진 생물학자'는 영국의 조셉 뱅크스 경(Sir Joseph Banks, 1743년~1820년)이었다. 그는 젊은 시절 여러 차례에 걸쳐 과학 조사 여행을 한 일이 있으며, 후에는 영국의 왕립 학회의 회장이 되었고 국왕 조지 3세의 친구이기도 하였다(물리편 19장 참조).

뱅크스 자신은 뛰어난 과학자가 아니었으나, 간접적으로 영국 과학의 발전에 적지 않은 영향을 준 사람이다. 그는 린네의 컬렉션의 일부가 양도될 가능성이 있다는 것을 알고, 그 식물 표본 전부를 사겠다고 제안하였다. 그러나 그의 제안은 거절되었고, 컬렉션의 전부는 가족들에게 돌아갔다.

린네의 아들이 1783년에 급사하자 컬렉션 전체는 그의 어머니와 자매의 손에 넘겨졌다. 그들은 이에 대하여 과학적인 흥미를 갖고 있지 않았다. 그래서 친구인 아크렐(Acrel) 박사에게 부탁하여 되도록 비싼 값으로 그것을 팔아 달라고 하였다.

아크렐 박사는 조셉 뱅크스가 아직 이것에 관심을 가지고 있을지 모른다고 생각하여 편지를 보냈다. 뱅크스는 이미 그 컬렉션에 대해 흥미가 없었는데, 그 편지가 그에게 도착하였을 때, 마침 제임스 에드워드 스미스라는 젊은 의학도와 아침 식사를 함께 하고 있었다. 스미스는 어느 부자의 아들로서, 생물학에 깊은 흥미를 갖고 있었다. 그 날 아침 식사 때의 대화를 스미스는 후일에 다음과 같이 회상하고 있다.

마침 내가 조셉 뱅크스 경과 조찬을 들고 있을 때 그 편지가 도착하였다. 1783년 12월 23일의 일이었다. 그는 나에게, 이전에 한 번 그것을 사겠다고 제안한 일이 있었노라고 말하면서 자기는 이 제의를 거절하겠다고 말하였다. 그리고는 편지를 나에게 읽어 보라고 건네주면서 그것은 내 취미에 알맞은 것이며, 또 나의 명예가 될 만한 것이기에 꼭 사도록 강력하게 권고하였다.

스미스는 열의를 가지고 뱅크스의 권고를 받아들여, 아크렐에게 편지를 띄워 컬렉션의 목록을 보내 줄 것과 또 '만일 그것이 나의 기대에 맞는 것이라면, 요구하는 값으로 사들이겠다.'고 써서 보냈다. 상대방에서 요구한 값은 1천 기니아였다. 스미스는 다시 부친에게 편지를 보내어 훌륭한 컬렉션을 사기 위한 돈을 내줄지의 여부를 물어보았다. 아버지는 기꺼이 승낙하였으나 아들이 너무 서두르지 않도록 충고하면서 이렇게 덧붙였다.

국가적인 견지에서 볼 때나 그(린네)의 공헌으로 그토록 명성을 높인 대학의 입장에서 생각해 볼 때, 그들이 대수롭지 않은 금액 때문에 그것이 스웨덴 땅에서 사라지는 것을 잠자코 보고만 있으리라고는 도저히 생각할 수 없다.

마침내 목록이 스웨덴으로부터 도착하였다. 젊은 스미스는 그 내용을 보고 매우 만족하였다. 그래서 그는 아버지의 동의를 얻어, 값의 절반을 현금으로 지불하고, 나머지 금액은 3개월 이내에 보내겠다는 계약에 서명하였다. 아크렐은 컬렉션을 꾸려 스톡홀름으로 보내 가장 먼저 출항하는 영국행 화물선에 싣는 수속을 밟았다. 전부 스물여섯 상자였는데 스미스에 의하면 3,000권이나 되는 책이 불과 여섯 상자에 꾸려졌기 때문에 상자가 무척 컸다고 한다. 그 밖에도 식물이 다섯 상자, 광물이 네 상자, 곤충 표본이 두 상자였고, 조개껍질과 물고기, 산호의 표본이 각각 세 상자를 차지했다.

스웨덴 군함의 추적

1784년 9월 17일, 영국의 범선 어피어런스 호가 스웨덴 선장의 지휘 아래 컬렉션을 싣고 스톡홀름을 출발하였다. 배는 10월 말에 영국에 도착하여 상자들은 첼시라는 곳으로 운반되었다. 린네가 오랫동안 봉직한 대학에서는 컬렉션이 외국 사람한테 팔리는 것에 대해 방해는 하지 않았으나 영국에서는 한때 어피어런스 호를 저지하여 스웨덴으로 예인하려는 '최후의 일분간' 적인 노력이 있었다는 소문이 퍼졌었다.

어피어런스 호는 좁은 사운드 해협을 통과하지 않으면 안 되었는데, 그 곳은 폭이 겨우 4.8km밖에 안 되는 곳도 있었다. 스미스가 한 이야기는 그가 당시 린네의 전기를 쓰고 있던 스웨덴의 저술가 스토버에게 1791년에 써 보낸 편지 가운데 이렇게 씌어 있다.

1783년 가을, 나는 스웨덴 국왕 구스타프 3세(Gus' tav Ⅲ, 1746년~1792년)가

린네의 컬렉션을
추적하는
프리깃 함

프랑스에 있었다고 생각한다. 린네의 어머니와 자매들은 국왕이 귀국하기 전에 컬렉션을 팔아 버리려고 몹시 서두르고 있었다. 국왕이 귀국하게 되면 컬렉션을 싼 값으로 웁살라 대학에 팔게 할지도 모르기 때문이었다. 나는 선장에게 보통 운임보다 5할 정도 비싼 80기니아를 지불했다. 배가 출범한 직후에 스웨덴 국왕이 귀국하여 일의 경위를 듣고는 배를 되돌려오기 위해 군함을 파견했고, 나는 한시라도 늦어지지 않기 위해 배려를 했던 것이다. 그러나 다행스럽게도 이미 때는 늦었다.

스미스는 다른 잡지에서 이야기를 확대시켜, 국왕이 또 '사운드 해협에 급히 사신을 보내어 그 물건을 운반해 가는 배를 저지시키려 했다.'고 말하고 있다. 범선이 출항한 뒤 급히 사신이 스톡홀름을 떠나 발빠른 말을 타고 서둘렀다면 범선이 사운드 해협에 도착하기 전에 그 곳에 당도하였을 것이다. 그렇게 되면 급사는 해군 사령부에 국왕의 명령을 전하고, 군은 곧 좁은 해협에 배를 보내어 쉽사리 어피어런스 호를 잡을 수 있었을 것이다.

국왕은 분명히 린네의 아들이 죽기 약 두 달 전에 여행을 떠나 독일과 이탈리아를 거쳐 파리로 갔었다. 그 뒤 그는 서둘러 8월 초에 스톡홀름으로 돌아왔다. 그 무렵 컬렉션은 짐으로 꾸려져 스톡홀름의 창고에서 영국행 배를 기다리고 있었다. 그러나 컬렉션이 팔린 것을 국왕이 알았었는지, 아니면 또 알고 있었다 하더라도 국왕이 과연 사운드 해협에 급사를 보냈을까 하는 것은 별개의 문제이다.

린네 학회의 창립

스미스는 자기가 산 것들을 점검해 보고, 하찮은 대가로 그토록 값진 것들을 영국으로 가져올 수 있었던 사실에 한없이 기뻐하였다. 그는 경험이 풍부한 식물학자들의 도움을 빌어 그 압착잎새 표본을 잘 배열하여 쉽게 이용할 수 있도록 하였다. 곧 이 컬렉션은 식물에 학명을 붙이는 일에 권위 있는 근거가 되었다.

우리들이 알고 있는 바와 같이 린네는 식물을 분류하되 왜 그가 그러한 학명을 붙였는지 그 이유를 상세히 기록하였다. 그제야 영국의 식물학자들은 그의 기록을 읽을 수 있게 되었을 뿐 아니라, 린네가 기록한 식물의 실물을 보고, 자기들의 학명이 없는 표본을 린네의 그것과 비교할 수 있게 되었다.

컬렉션은 곧 스미스에게 명성과 영예를 안겨 주었다. 그는 의사의 자격증이 있었으나, 의학을 버리고 남은 생애를 식물학 연구에 바쳤다. 많은 사람들이 스미스에게 축하하는 편지를 보냈는데 **칼라일**의 주교도 그 중의 한 사람으로, 그는 다음과 같이 말하였다.

칼라일(carlisle) 이란?
잉글랜드의 중서부
컴브리아 주의 주도.

"당신의 고귀한 구입 덕분에 식물학의 왕국으로서 영국이 다른 모든 나라를 능가하리라는 것은 전혀 의심의 여지가 없게 되었습니다."

이 말은 1788년에 스미스가 취한 행동을 정확하게 예언하고 있다. 이 해에 그는 조셉 뱅크스와 그 밖의 사람들의 원조를 얻어 식물학상의 발견과 개량의 증진을 목적으로 하는 새로운 학회를 만들 계획을 작성하였다. 휴일에 그는 그 이유를 다음과 같이 설명하고 있다.

오직 행운이라고밖에는 말할 수 없는 일련의 일로 말미암아, 린네가 갖고 있던 생물과 의학에 관한 모든 것들—그의 장서 원고, 일생 동안의 편지 및 아들 린네가 유럽 여행에서 입수한—이 내 수중에 들어왔다. 나로서는 나 자신을 공적으로부터 위탁받은 보관인이라고 생각한다. 내가 이 보물들을 보유하는 것은 오로지 이것들을 세계와 생물학 전반에 이바지하기 위한 것이다.

이 새로운 학회는 린네의 이름을 따서 지어졌고, 그 문장(紋章)에는 린네가 평소 몸에 지니고 있던 것을 채용하였다. 스미스 박사는 런던의 린네 학회 초대 회장에 선임되었다. 이 학회가 선언한 것은 '생물학의 모든 분야, 특히 대영 제국과 에이레(Ireland) 생물학의 개척'이었다.

1828년에 제임스 에드워드 스미스 경▪이 죽자 린네의 컬렉션과 장서는 공공의 기부금으로 조달된 300기니아로 사들여져서 린네 학회에 기증되었다. 지금도 이것은 린네 학회가 소유하고 있다.

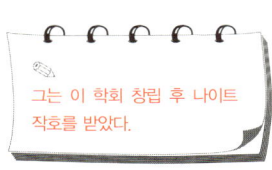
그는 이 학회 창립 후 나이트 작호를 받았다.

스미스의 린네 컬렉션 구입은 과학사에서 종종 있는 일이지만, 생각지도 않은 기회를 포착하여 그것으로 큰 이익을 얻은 사람의 대표적인 예이기도 하다.

그 편지가 드착한 아침, 그가 우연히도 조셉 뱅크스와 조찬을 함께 하고 있었다는 행운의 기회는 스미스에게 개인적인 명성과 영예를 안겨 주었을 뿐 아니라, 세계에서도 가장 유명한 과학학회의 하나를 창립하는 계기가 되었다.

사실은 추적당하지 않았다

오늘날 린네의 전기 작가라면 이 '추적'에 관한 이야기는 믿지 않는다. 그러나 스미스 자신은 그 때 배가 추적을 받았다고 굳게 믿고 있었다. 또 《왕립 학회의 역사(1845)》의 유명한 저자를 비롯하여 빅토리아 시대의 많은 사람들도 그렇게 믿었다.

일부 스웨덴의 과학자들은 문제의 컬렉션이 자기 나라의 해안을 떠나게 되었다는 것을 알고는 무척 마음아파했던 것 같다. 어떤 '자연 과학의 열렬한 추종자이며, 애국심에 가득 찬 스웨덴 사람'이 대리인을 통해 이것을 사고 싶다는 제안을 했다고 한다. 그러나 성공하지 못하자 그 대리인은 국왕에게 탄원하여, 그 컬렉션이 국외로 반출되는 것을 막는 명령을 내리게 하려고 수속을 밟는데 이미 때가 늦고 말았다.

스미스 자신은 스웨덴의 과학자들이 이 보물을 잃고 실망하는 것을 알고는 다음과 같이 비난하였다.

"우리 입장에서 보면, 웁살라 대학이 이만한 보물을 뻔히 알면서도 내놓는 것은 분명 그들에게는 불명예스러운 일이다. 그러나 린네의 이름을 가장 사랑하고 지키지 않으면 안 될 입장에 있는 사람들이 그들의 의무를 게을리 한 것이라면, 내가 살아 있어서 적어도 린네에게 경의를 표할 힘을 조금이라도 갖고 있는 한 린네로 하여금 다른 친구를 찾게 하거나 달리 피난처를 구하게 하는 어리석은 처지에 빠지도록 두지는 않을 것이다."

그림은 1807년에 출판된 린네의 분류법에 관한 유명한 책에서 발췌한 것이다. 이 그림은 그 이야기를 세상 사람들이 믿도록 하는 데에 큰 공헌을 하였는지도 모른다.

추적이 사실이었는지 아닌지는 별개의 문제로 치더라도, 어떤 스웨덴의 저술가가 1957년에 쓴 다음의 논평은 많은 사람들의 생각을 잘 말해 주는 것이리라.

손실이 많은 스웨덴 사람들에게 아무리 가슴 아픈 일이었을지라도, 이 보물들은 저 유명한 린네 학회가 베푼 것 이상의 경의에 찬 대우를 받을 수는 없었을 것이다. 따라서 이 컬렉션이 런던과 같이 세계적인 과학의 중심지이기도 한 도시에서 접할 수 있게 되었다는 것은 린네의 국제적 명성을 높이는 데에 말로 표현할 수 없을 만큼 중요한 역할을 하였던 것이다.

13

좀 조 개 와 템 스 터 널

빅 토 리 아   여 왕 의   터 널 구 경

　　　　　　19세기 초, 템스 강 밑으로 터널을 파서 로더하이드와 라인하우스를 연결할 목적으로 한 회사가 설립되었다. 회사 발기인들의 추산에 따르면, 이 지점에서 매일 약 4천 명이 나룻배로 강을 건너다녔다고 한다.

　　그들은 마차나 짐수레가 이 강을 건너려면 그 곳에서 3.2km 떨어진 런던교까지 가지 않으면 안 되기 때문에, 터널을 만들어 보행자나 마차를 건너게 하면, 반드시 큰 장사가 되리라고 생각하였다.

　　그러나 터널을 건설하고자 한 최초의 노력은 실패하고 말았다. 그러다가 1824년어 이르러 브뤼넬(Sir Marc Isambard Brunel, 1769년~1849년)에게 이 공사가 맡겨졌다. 프랑스 혁명이 일어났을 때 브뤼넬은 여러 해 전부터 프랑스 해군 장교로 복무하고 있었는데, 그는 유명한 왕당파였으므로 혁명 후에는 고국을 떠나 북아메리카로 건너갔다가 1799년에 영국으로 돌아와 곧 조선기사로서 이름을 떨쳤다.

　　1824년보다 훨씬 이전—19세기 초—브뤼넬은 강 밑에 터널을 파는 일에 강한 흥미를 가지고 있었다. 러시아 황제가 1814년에 영국을 방문하였을 대, 브뤼넬은 성 페테르부르크에서 네바 강 밑으로 지나는 터널 건설 계획을 제안하였다고 한다. 네바 강은 떠다니는 얼음 때문에 배가 통행을 못하는 경우가 많았다. 이 계획은 황제의 재가를 받지 못하였으나 그는 용기를 내어 이 터널 연구를 계속하였다.

좀조개에서 얻은 힌트

사람이 어떤 특별한 일에 대하여 줄곧 골똘하게 생각하고 있을 때에 우연한 관찰이 그 사람에게 좋은 힌트를 주는 수가 있는데, 브뤼넬의 전기를 쓴 리처드 비미쉬의 경우가 그러했다. 그는 자신에게 일어난 일을 이렇게 적고 있다.

채텀(Chatham)이란?
영국 잉글랜드 켄트 주 로체스터어폰메드웨이 구에 있는 항구 도시.

브뤼넬은 **채텀**에서 연구를 완성시키고 있었는데, 그 자신이 나에게 말한 바에 따르면 조선소 안을 걷고 있었을 때, 낡은 선재(船材) 한 조각이 그의 주의를 끌었다. 그것은 잘 알려진 목재의 해충 좀조개—학명은 '타레도 노발리스'—에 의해 구멍이 뚫려 있었다.

브뤼넬은 이 목재의 해충을 조사하였는데, 이 벌레가 선재라든가 방파제의 말뚝과 같은 해수에 잠겨 있는 목재를 해친다는 것과, 또 그 조개의 구멍 파는 기관은 매우 강력하여 떡갈나무나 티크와 같은 단단한 나무라도 깊숙이 파고 들어갈 수 있다는 것을 알아 냈다.

좀조개는 두 개의 작은 껍질을 지니고 있어서 그것으로 몸을 보호하고 있으며, 두 개의 껍질이 맞무는 부위에는 가장자리가 톱니처럼 되어 있어서 마치 강판과 비슷한 모양을 하고 있다. 조개가 구멍을 파기 시작할 때는 먼저 빨판 같은 다리로 나무에 몸을 고정시키고, 강판과 흡사한 껍질의 가장자리를 나무에 꽉 붙이고는 앞뒤로 몸을 움직여서 나무를 깎아 냈다. 이 가루는 조개의 몸 속에 삼켜져 소화관을 거쳐 반대쪽 끝에 도달하는 동안 모두 소화, 흡수된다.

조개는 나무 속을 파고 들어가는 사이에 일종의 액체를 분비하게 되는데, 이것이 새로 판 터널의 표면에 발라져 단단한 내장벽이 된다.

브뤼넬은 좀조개의 굴을 파는 방법에 주된 특징 세 가지가 있다는 것을 알아 냈다. 첫째 이 생물은 튼튼한 껍질로 몸을 보호하고 있으며 굴을 파들어감에 따라 깎아 낸 나무를 뒤쪽으로 밀어 낸다. 또 새로 판 굴은 즉시 내벽을 발라 굴이 무너지는 것을 방지한다. 그래서 브뤼넬은 이 같은 세 가지 요구를 충족시켜 주는 굴착 장치를 설계하였다.

그는 그 좀조개의 껍질을 흉내내어 완성된 터널과 거의 같은 높이와 너비를 가진 커다란 철제 실드(방패)를 만들었다. 그것은 서른여섯 개의 '작은 방'을 3층으로 쌓아 만든 것으로, 각 방은 갱부 한 사람이 쉽게 들어갈 수 있는 크기였다. ■

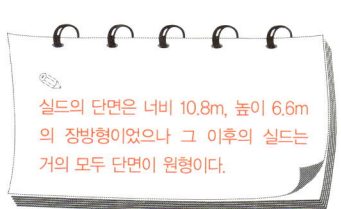

실드의 단면은 너비 10.8m, 높이 6.6m 의 장방형이었으나 그 이후의 실드는 거의 모두 단면이 원형이다.

브뤼넬은 터널의 입구로 예정된 곳에 구멍을 파고 그 안에 실드를 내려놓았다. 그 안으로 들어간 서른여섯 명의 갱부가 각자 눈앞에 있는 흙의 표면을 어느 정도 파고 나면 노출된 흙의 표면에 판자를 대고 내장을 한다. 각자가 맡은 부분을 끝내면 실드는 앞으로 옮겨진다.

그 다음 흙막이용 판자를 터널의 전면에서 떼어 내고 같은 작업을 반복한다. 파낸 흙은 삽으로 퍼내 뒤로 던지고 다른 갱부가 손수레에 담아 터널 밖으로 운반한다. 실드가 차츰 전진해서 새로 파낸 터널의 측면과 천장이 노출됨에 따라 다른 노동자들이 곧 벽돌로 내장하여 흙이 무너지는 것을 막는다.

이 장치의 성능은 우수하였으나 터널의 건설 공사는 여전히 어려움이 많았다. 두 번에 걸쳐 강바닥이 천장으로부터 무너져 터널의 일부가 물에 잠기게 되었는데, 한 번은 인명의 손실을 가져오기도 했다. 그러나 브뤼넬은 굴하지 않고 작업을 계속해 마침내 터널은 1843년 3월에 개통되었다. 이 공사 비용은 무려 60만 파운드나 소요되었다.

빅토리아 여왕의 터널 구경

사람들은 호기심에 들떠 이 신기한 건조물을 구경하려고 모여들었다. 회사의 임원들은 이것을 이 고장의 명물 중 하나로 결정하고, 한동안 일반 대중에게 공개하였다. 토요일과 일요일에만도 5만여 명이 요금을 내고 터널을 지나갔다. 입구에는 노점들이 줄지어 늘어서서 갖가지 기념품을 팔았는데 그 중에는 터널의 광경을 나염으로 찍은 손수건도 있었다.

국왕 일가도 이 터널을 보고 싶어 1843년 7월 26일 수요일에 이곳을 방문했는데, 어떤 신문은 이를 다음과 같이 기술하고 있다.

왜핑은 노래로 우명하고 또한 쾌활한 군주 찰스 2세가 언제나 떠들썩
하게 굿판을 벌이던 곳이었는데, 그로부터 2세기쯤 지나 또다시 대영
제국의 군주가 방문하게 되었다. 이스트 엔드 주
민들에게 있어 이 날은 기억될 것이다. ■ 여왕과
여왕의 남편 앨버트 공이 템스 터널로 온다는 소
식이 전해지자, 터널회사의 사원들은 필사적으로
임원을 찾아 내려고 했다. 비서는 기사장인 브뤼

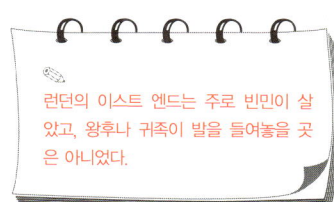

런던의 이스트 엔드는 주로 빈민이 살
았고, 왕후나 귀족이 발을 들여놓을 곳
은 아니었다.

널 경을 찾고자 있는 힘을 다해서 재빨리 뛰어갔으나 **3km**쯤 달려갔을
때에서야 기사장이 시내에 없다는 것을 알았다. 비서는 허겁지겁 다
시 돌아왔으나 여왕이 당도해 있었을 때는 너무도 숨이 차서, 여왕이
묻는 질문에 한 마디도 대답을 할 수가 없었다.

관계자 가운데 흙투성이의 장화를 신은 사
람이 있는 것을 발견하고는, 주주 가운데 한 사람
이 월터 롤리 경의 전통적인 기사도 정신■을 발
휘하여 선반에서 선물용으로 만든 손수건을 여러
장 꺼내어 여왕이 지나갈 땅에 깔았다. 손수건이

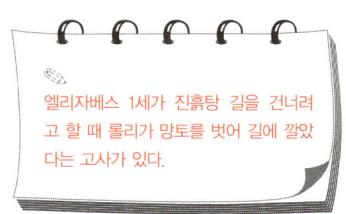

엘리자베스 1세가 진흙탕 길을 건너려
고 할 때 롤리가 망토를 벗어 길에 깔았
다는 고사가 있다.

라야 보잘것없는 싸구려였으나, 국왕 일가가 그 위를 지나간 뒤 땅에
서 거두어지고부터 그 손수건은 이른바 놀라운 출세를 했다. 그것은
한 장에 무려 반(半) 기니아나 했지만 순식간에 모두 팔려 버렸다. 이 터
널은 1869년까지 교통로로 쓰였으나, 그 해 이스트 런던 철도회사가
시설비용의 3분의 1을 조금 넘는 값으로 산 뒤, 공공용의 고속도로로
는 이용하지 못하게 했다. 오늘날 이 터널에는 지하철이 다니고 있다.

좀 초개와 템스 터널

14

위드의 식물상자

식   물   상   자

페 루 에 서   전 해 진   킨 키 나 나 무

18세기와 19세기에 걸쳐, 영국의 정치가와 실업가들은 대영 제국의 식민지 개발에 몰두하였다. 그러기 위한 한 가지 방법은 높은 상업적 가치를 지니면서도 식민지에 이식했을 때 잘 자랄 수 있는 식물을 선정하는 일이었다.

이를테면, 담배는 신대륙으로부터 남아프리카에 이식되었고, 커피는 리베리아로부터 극동의 일부 국가에 옮겨졌다. 또한 키니네가 만들어지는 킨키나나무는 남아메리카에서 스리랑카로 이식되었고, 브라질에서 가져온 고무나무의 종자는 말레이시아와 스리랑카에 대규모의 고무 농장을 탄생시키기도 했다.

이러한 일에는 대개 런던의 큐 왕립 식물원에 종사하는 과학자들의 도움이 컸다. 이 식물원은 1760년경에 처음으로 국왕의 사유 정원으로 창립되었고, 얼마 안 있어 유럽에서 가장 훌륭한 식물 컬렉션의 하나로 손꼽히게 되었다. 1840년에 빅토리아 여왕이 즉위하자, 여왕은 이 식물원을 국가에 내놓았고, 그 후부터 이 곳은 공공 재원으로 유지되고 있다.

식민지 개발을 목표로 하는 식물의 씨앗은 큐 식물원으로 가져오는 경우가 많았는데, 온실에서 발아시켜 온도와 습도 등을 주의 깊게 조정하면서 키웠다. 건강하게 자란 묘목은 그 후 머나먼 식민지로 보내졌는데, 이와 같은 방법은 식민지로 직접 씨앗을 보내서 키우는 것보다 훨씬 효과적인 수단이었다. 식민지에서 묘목을 키울 때 전문가들의 세심한 배려를 받는다는 것은 거의 불가능했기 때문이었다.

참새나방을 기르다가

그런데 이 방법에도 문제는 있었다. 심각한 문제 중의 하나는 오랜 항해를 하는 동안 묘목의 건강을 어떻게 유지시키느냐는 것이었다. 다행히도 '묘한 장치'가 우연히 발견되었고, 묘목이나 좀더 큰 식물들을 이 장치 안에 넣어 두면 오랜 항해를 하는 동안 그것들을 거의 돌보지 않고도 무사히 가져갈 수 있었다.

이 장치는 나다니엘 워드(Nathaniel Ward)에 의해 발명되었는데, 그는 그것을 만든 경위에 대해 이렇게 말하고 있다.

"내가 아주 어렸을 때부터 품었던 야심은 양치류와 이끼로 덮인 벽을 만드는 일이었다. 그 꿈을 이루기 위해 나는 집 뒤에 있는 정원에 바윗돌을 쌓아 돌담을 만들고, 그 꼭대기에 구멍을 여러 개 뚫은 관을 올려, 그 곳으로부터 아래로 물을 흘러내리게 해서 바위 틈에 심어 넣은 식물들—여러 종류의 양치류와 이끼—을 키우려고 했다. 그런데 주변에 있는 공장들이 대량의 매연을 내뿜어 식물들은 곧 시들어 버렸는데 내가 아무리 그것들을 살려 보려고 애를 써도 아무런 효과가 없었다."

그래서 그는 뒷마당에 정원을 가꾸려는 생각을 아예 단념하고 자신의 취미를 정원 가꾸기에서 나방 기르는 일로 바꾸었다.

1829년 어느 여름날, 그는 주둥이가 넓은 병 속에 진흙을 넣고, 참새나방의 번데기 하나를 묻었다. 그리고는 뚜껑을 덮고 번데기가 나날이 자라는 것을 관찰하였는데, 따뜻한 대낮에 흙에서 올라온 습기가 유리면에 응결하였다가 다시 흙으로 흡수되면서 흙이 언제나 같은 정도로 젖어 있는 것을 발견했다. 얼마 후 고사리와 풀의 새싹은 흙 표면으로 모습을 드러냈다.

워드는 자신이 만든 바위 돌담에서는 좀처럼 기를 수 없었던 식물이 저절로 유리병 속에서 자라는 것이 이상했다. 이러한 현상이 일어날 수 있는 본질적인 조건은 매연과 그 밖의 고체 입자를 내포하고 있지 않은 축축한 대기와 빛, 열, 그리고 휴면기간일 것이라고 생각하였다. 그래서 이번에는 기름을 발라 공기를 통하지 않게 한 명주로 병의 주둥이를 덮고 서재의 창 밑에 놓아 두면 어떤 일이 일어나는지 조사하기로 하였다. 그 결과는 다음과 같았다.

식물들은 잘 자랐으며 거의 돌보지 않아도 되었다. 그 안에서 4년 가까이 살았고, 풀은 1년에 한 번 꽃을 피웠으며 양치류는 1년에 서너 개의 잎을 새로 돋게 했다.

식물상자

    이 실험을 성공하자 워드는 '식물상자' 를 발명하게 되었다. 이 상자는 다음과 같은 워드의 지시에 따라 만들어졌다.

높이 3cm 가량의 펑퍼짐한 질그릇 화분에 잔돌을 깔고, 그 위에 토탄 (土炭)이나 적토를 부드럽게 편 다음, 식물을 심고 흙이 충분히 젖을 정도로 물을 준다. 그런 다음 화분 위에 종 모양의 유리 용기를 꼭 덮거나 아니면 유리로 된 프레임을 위에서 덮어 씌운다.

    이 식물상자의 원리는, 성장 중에 있는 식물이 흙으로부터 수분과 영양분을 섭취하여 잎의 기공을 통해 수증기를 방출하는 데 있다. 이 때 수증기는 유리 안쪽에 맺혀 있다가 물방울이 되어 다시 흙으로 떨어진다. 그러므로 사실상 식물은 스스로 자신에게 물을 주는 셈이다. 그뿐 아니라 잎이 방출하는 수증기는 대기를 축축하게 만들고 이것은 식물의 성장을 촉진시킨다. 또한 이 상자는 바람은 물론 더위나 추위로부터 식물을 보호하며, 식물들은 시간을 정하여 손으로 물을 줄 때처럼 생활의 리듬이 깨질 리도 없게 된다.

    워드는 여러 개의 상자에 식물을 넣어 자신의 방을 장식하고 다음과 같이 썼다.

나가 발견한 이것은 규모는 크지 않으나, 자연이 베풀어 주는 매력을 느낄 수 있게 하 준다. 혼탁한 도시 안에서 순수한 자연을 누릴 수 있는 수단을 손에 넣었다고 생각하니 대단히 만족스럽다.

다른 사람들은 이 상자가 이 밖에도 다른 여러 가지 용도가 있다는 것을 알게 되었다. 그 무렵의 어떤 사람은 이렇게 쓰고 있다.

이 상자를 사용함으로써 원예가들은 식물을 먼 외국으로 수송한다거나, 또 먼 나라르부터 가져오는 데에 더없이 편리했다. 그 전의 방법으로는 식물을 상자에 넣거나 아니면 항해하는 동안 줄곧 바닷물과 폭풍, 온도의 변화 등 갖가지 해로운 영향에 식물을 내맡긴 채 내버려둘 수밖에 없었는데, 그 결과 수송 중에 식물이 죽는 경우가 많았다.

해외로 식둘을 수송하는 데에 식물상자가 어느 정도 도움이 되는지 처음으로 실험한 사람은 그것을 발명한 워드 자신이었다. 1834년 2월, 두 개의 상자를 오스트레일리아의 시드니로 보내 그 곳에서 양치류와 풀을 담아 경국으로 반송하였다. 그 식물들은 항해 도중 한 번도 물을 주지 않았으나, 8개월 후 상자에서 꺼냈을 때 무척 건강하고 싱싱한 상태였다고 한다.

페루에서 전해진 킨키나나무

　1859년에 어떤 사건이 일어났는데, 그 이후 워드의 식물상자는 조심스럽게 사용되었다. 영국의 탐험가 마컴(Markham)은 페루를 여행했을 때, 킨키나나무의 껍질이 의학적인 가치가 크다는 것을 알았다(제4장 참조). 영국으로 돌아와서 그는 인도성 당국을 설득하여, 인도에 이 킨키나나무를 이식할 계획을 세우고 다시 페루로 건너가 킨키나나무 묘목을 입수하기로 했다. 마컴은 페루 항구에 도착하자 워드의 식물상자 두 개를 그 곳에 남겨 두고 한 무리의 원주민을 이끌고 킨키나나무가 자라고 있는 숲 속으로 들어갔다. 그는 킨키나나무의 묘목을 모아 조심스럽게 물이끼 속에 차곡차곡 재어 매트 속에 넣었다.

　항구로 돌아갈 준비가 다 되었을 때, 마컴이 사환으로 고용했던 원주민 한 사람이 키아카 시의 시장(총독)으로부터 편지를 받았다. 시장은 다른 원주민에게서 마컴의 행동에 대한 보고를 받고, 마컴을 체포하기 위해 군대를 보내겠다는 것이었다. 마컴은 사력을 다해 도망쳤으나 체포당했다. 그런데 마침 가지고 있던 연발총 덕분에 원주민 한 사람을 데리고 도망쳐 나올 수 있었다. 두 사람은 킨키나나무의 묘목을 두 마리의 노새에 싣고, 무려 500km나 되는 눈 덮인 안데스를 지나야 하는 위험하기 그지없는 도보 여행을 시작했다. 몇 주일의 고생 끝에 그들은 마침내 항구에 도착하여 문제의 묘목을 워드의 식물상자에 넣게 되었다. 그러나 넘어야 될 또 하나의 어려움이 있었다. 세관장이 리

마의 재무 장관과 상공 장관으로부터 특별한 명령을 받지 않는 한, 케이스를 배에 싣는 일은 허가하지 않겠다고 버티는 것이었다. 그러는 사이에 상자 속의 식물들은 싹이 돋아 어린잎이 뻗기 시작하였고, 그러자 세관장은 다음 날 아침 상자를 기선에 싣도록 허락하였다.

그런데 그 날 밤 상자를 지키고 있던 자를 누군가가 매수하여 상자에 구멍을 내고 그 속에 끓는 물을 부어 식물을 죽이려고 하였다. 그러나 다행히도 이 음모는 성공하지 못하였고, 다음 날 아침 상자는 무사히 기선에 실릴 수 있었다.

출항 허가가 떨어지고 배가 사우댐프턴에 도착했을 때, 200그루 이상의 킨키나나무 묘목은 잘 자라서 모두 싱싱한 상태였다. 이 식물들은 큐 식물원으로 보내져서 한동안 그 곳에서 보관되다가 다시 워드의 식물상자에 넣어 인도로 보내졌는데, 불행하게도 **홍해**의 심한 폭염 때문에 모두 타 죽고 말았다. 그래서 다시 페루에서 묘목을 가져와야 했는데 이번에는 보다 조심스럽게 수송되어 무사히 인도에 도착하였다. 묘목은 건강한 상태로 무성하게 자랐고, 킨키나나무는 동남아시아에 널리 재배되기에 이르렀다.

홍해란?
아프리카대륙 북동부와 아라비아 반도 사이에 있는 좁고 긴 해협.

워드의 식물상자는 1세기 이상에 걸쳐 광범위하게 이용되었다. 오늘날에는 항공 수송이 발달하여 대부분의 식물들은 매우 빠르게 운반되므로 다루기 힘든 이 식물상자의 필요성은 줄어들었고, 대신 가지각색의 폴리에틸렌 주머니가 사용되고 있다. 그러나 워드의 상자는 지금도 실험실 박물관의 연구용으로써 널리 쓰이고 있다.

15

뼈 가 되 면 아 무 소 용 도 없 다 ?

도살장과 전장에서
비료가 나오다

누 가 처 음 **뼈**를 **비 료**로 썼 는 가

과 인 산 석 회 의 발 명

사 람 의 뼈 를 비 료 로 쓰 다 니

1844년에 출판된 한 농업 서적의 지은이는 이렇게 쓰고 있다.

뼈가 비료로 쓰이게 된 것은 어쩌면 근대 농업의 노력 가운데서 가장 중요하고도 성공적인 일 중 하나일 것이다. 그것은 해마다 증가하는 인구의 보조에 맞추어 곡물 생산을 최대한으로 증가시키기 위한 하나의 수단이었음에 틀림없다.

뼈가 되면 아무 소용도 없다?

전해 오는 이야기에 의하면 어떤 우연한 관찰이 뼈를 비료로 쓰게 한 실마리가 되었다고 한다. 18세기 셰필드에서는 칼을 만드는 제조업이 번창하여 뼈, 뿔, 상아 따위가 칼자루의 재료로 많이 사용되었다. 뼈나 뿔을 세공할 때 깎고 남은 부스러기들과 불규칙하게 생긴 뼈나 뿔에서 깎아 낸 조각들이 어느 새 세공사의 가게 주위에 산더미처럼 쌓이게 되었다. 그런데 이러한 뼈 부스러기가 쌓이는 곳에서는 다른 장소에 비해 우난히 잡초가 무성하게 자라는 것이었다. 이것을 보

뼈더미
둘레의
잡초

고 틀림없이 뼈와 어떤 관계가 있을 것이라고 생각한 사람이 있었는데, 그는 버려진 뼈를 조금 가져다가 자기 밭에 뿌려 보았다. 아니나 다를까 작물들은 뼈 부스러기를 뿌리지 않은 땅에서 자라는 것보다 훨씬 무성하게 자라는 것이었다.

이 소식은 인근으로 퍼져서 셰필드 근처의 메마른 땅을 경작하던 다른 사람들도 이 쓰레기를 자진해서 가져가게 되었다. 뼈세공사들은 쓰레기가 치워지는 것이 기뻐서 농민들이 귀중한 비료를 공짜로 가져가는 것에 대해 처음에는 대가를 요구할 생각은 하지 않았다고 한다.

그러나 요크셔의 농부들이 '뼈가 되면 아무 소용도 없다.'는 속담이 사실이 아니라는 것을 깨닫게 되자, 뼈세공사들은 재빨리 이 뼈 부스러기를 한 짐에 얼마씩의 대금을 받고 팔게 되었다. 그 후 채 몇

하가 되기도 전에 농부들은 뼈를 다른 데서 구할 수밖에 없게 되었고, 도살장에서 나오는 뼈들은 날개 돋친 듯 팔리게 되었다고 한다.

　이처럼 뼈가 훌륭한 비료라는 사실이 우연히 발견되었다는 이야기를 확인할 수는 없으나, 여하튼 1799년에 로버트 브라운(Robert Brown, 1773년~1858년)이 쓴 《웨스트라이딩에 있어서의 농업 개관》이란 책에는 다음과 같이 보고 되어 있다.

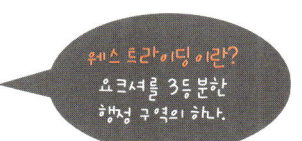

웨스트라이딩이란?
요크셔를 3등분한 행정 구역의 하나.

뼛가루는 셰필드 부근 32km에 걸친 밭에서 많이 쓰이고 있다. 온갖 종류의 뼈들이 애써 모아지고 또 먼 지방으로부터 반입되기도 한다.

뼈는 특별히 제작된 제분기를 통해 가루가 되며 이것은 아무것도 섞지 않고 밭에 뿌리는 경우도 있으나, 비옥한 흙과 함께 퇴비 속에 섞는 것이 가장 효과적이라고 한다. 발효■가 시작된 다음에 밭에 뿌리는 것이 가장 적절한 시기인 것이다.

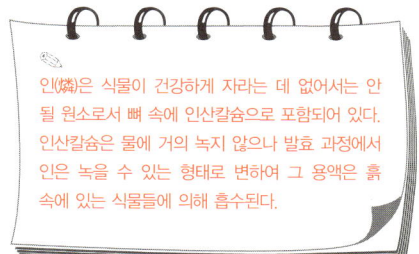

인(燐)은 식물이 건강하게 자라는 데 없어서는 안 될 원소로서 뼈 속에 인산칼슘으로 포함되어 있다. 인산칼슘은 물에 거의 녹지 않으나 발효 과정에서 인은 녹을 수 있는 형태로 변하여 그 용액은 흙 속에 있는 식물들에 의해 흡수된다.

누가 처음 뼈를 비료로 썼는가

요크셔의 다른 지방에서는 이와는 다른 이야기가 전해지고 있다.

도살장과 전장에서 비료가 나오다

이 이야기에서, 뼈가 양질의 비료가 된다는 것을 발견한 이는 유명한 경주마의 주인이었던 수렵가 태튼 경(Sir Tatton)이다.

태튼 경은 항시 많은 사냥개를 슬레드미어에서 기르고 있었는데, 이 개들이 뼈를 뜯고 있는 자리 근처에서는 잡초가 수없이 무성하게 자라고 있음을 알게 되었다. 그는 이러한 사실을 발견하고는 망치로 뼈를 되도록 잘게 빻은 것을 실험 비료로 사용하였는데, 폭도프에서 행한 최초의 실험은 그의 추리가 옳았다는 것을 뒷받침해 주었다. 처음에는 그의 신기하고도 우스꽝스러운 짓을 보고 웃는 사람도 많았으나, 태튼 경은 여전히 빻은 뼈를 계속 사용하여 놀라운 효과를 거두었고, 곧 다른 사람들도 그를 흉내내었다.

이러한 조치는 땅이 잃어버린 인을 회복하는 데에 대단히 유익하였고, 그 때문에 포크튼의 글리브 농장은 태튼 경이 있기 전에는 1년에 240파운드의 수입밖에 올리지 못하던 것이, 그가 사망할 때에는 연 2,000파운드 상당의 수입을 올릴 정도였다. 이 이야기는 한술 더 떠서 나중에는 그가 뼈를 빻는 기계를 발명했다고도 한다.

1834년, 돈커스터 농업 조합은 근처에 거주하는 농부들에게 설문지를 돌려서 뼈로 된 비료를 처음으로 사용한 사람이 누구인가를 물었다. 그 답에 따르면 알려져 있는 한 최초로 사용한 사람은, 돈커스터에서 얼마 떨어져 있지 않은 윔즈워드라는 마을에 사는 세인트 레저(St Leger) 대령으로 때는 1775년이었다고 한다. 그러나 이 설문은 돈커스터 근방에 사는 농부들에게만 한정된 것이었기 때문에, 그 날짜가 영국에서 뼈로 된 비료를 처음 사용한 해라고 단정할 수는 없다.

그러나 이 조사관으로도, 뼈로 된 비료는 태튼 경이 그 사용 방법을 발견하기 훨씬 이전부터 쓰이고 있었다는 것을 알 수 있다. 1775년이라고 하면 그가 고작 세 살 때였는데, 그것은 그렇다 치더라도 그가 뼈의 가치를 위에서 설명한 대로 몸소 다시 발견하였다고 생각할 수도 있는 것이다.

과인산석회의 발명

1873년의 어느 날, 지주인 대커(Dacre) 경이 로덤스테드 부근을 산책하다가 근방에 사는 농부 로즈(Sir John Bennett Lawes, 1814년~1900년)를 만났다. 두 사람은 농작물의 성장에 관한 이야기를 나누었는데, 대커 경은 아무 생각 없이 이렇게 말하였다.

"어떤 밭에서는 무를 재배하는 데 뼈가 아주 놀라운 효과를 발휘했다는데, 다른 밭에서는 전혀 효과가 없었소이다."

이렇게 비료의 가치에 관해 논의가 시작되었는데, 로즈는 이 점에 대단한 흥미를 느껴 뼈비료의 합리적인 사용법을 연구하기로 결심하였다. 연구는 6년도 채 되지 않아 성공하였고, 그는 뼈를 원료로 하는 비료를 대량으로 만들게 되었다.

대커 경이 무심코 던진 짧은 말이 실마리가 되어 로즈는 인조 비료의 선구자가 되는 길로 발을 내딛게 된 것이다. 인조 비료 공업은 19세기 말 세계의 화학 공업 가운데서도 가장 큰 부분의 하나가 되었다.

로즈가 이 연구를 진행하고 있을 무렵, 독일의 유명한 화학자 리비히(Justus von Lievig, 1803년~1873년)도 역시 식물을 화학적으로 연구하고 있었다. 과학자들은 뼈가 비료로서 효과를 나타내는 것은 그 당시 흔히 인산석회라고 불린 인산칼슘을 포함하고 있기 때문이라는 것을 알고 있었다. 1840년 리비히는 인산칼슘이 황산에 녹는다는 것과, 식물은 그 용액으로부터 곧바로 인을 영양으로 흡수할 수 있다는 것을 발표하였다. 그러므로 인산칼슘을 황산에 녹인 것은 가루로 만든 뼈보다도 훨씬 효과가 뛰어났다. 뼈는 흙 속에서 서서히 진행되는 자연적인 발효 과정을 거쳐 비로소 그 인산분이 식물에 흡수되기 때문에 비료로서 효과를 나타내기까지는 시간이 꽤 걸렸다.

뼛가루를 산에 녹인 용액이 효과적이라는 또 하나의 이유는 뼛가루 중에서 산에 녹는 부분이 아무 처리도 하지 않은 뼛가루에 비하여 같은 무게에 대해 네 배 가량의 비료 가치를 지니고 있다는 사실이다.

로즈는 1842년에 최초로 인조 비료 제조법의 특허를 얻고 이를 '과인산석회'라고 이름 지었다. 그것은 뼈뿐만 아니라 새로 발견된 암석 중에서 인산칼슘을 풍부히 함유한 분화석을 황산으로 녹여 만들기도 하였다.

로즈가 자신의 인조 비료를 처음으로 선전한 역사적인 광고는 원예신문 〈더 가드너즈 크로니클〉의 1842년 7월 1일자에 실렸다. 그것은 대단히 작은 것으로서 — 보통 일단 크기로 폭 3cm 이하의 것이다. — 문구는 다음과 같았다.

J. B. 로즈의 특허 비료. 과인산석회, 인산암모늄, 실리콘산칼륨 등으로 되어 있음. 현재 그의 공장 — 런던의 강 입구 뎁트모드에 있음. —에서 판매 중. 가격은 1**부셸**에 4실링 6펜스. 이 물질들은 종류별로도 판매함. 과인산석회만은 퇴비, 분뇨 저장소, 가스액 등의 암모니아를 고정시키는 데 권함.

부셀(bushel)이란?
미국 관례 도량형과 영국 법정 표준 도량형의 기준에 따르는 용량의 단위.

훗날, 로즈의 제조법에 관한 특허권에 대해 논란이 일어나자 사태를 해결하기 위해 법원이 개입하게 되었다. 분명히 과인산염을 처음으로 생각해 낸 이는 로즈도 아니었고 리비히도 아니었다. 그러나 두 사람 모두 이 비료의 수요를 창출하는 원동력이 된 것만은 사실이다.

사람의 뼈를 비료로 쓰다니

과인산석회의 수요를 충당하기 위해 전 유럽의 도살장으로부터 대량의 뼈가 수집되었는데, 이것만으로는 공급이 충분하지 않았다. 이 문제에 깊은 관심을 기울인 리비히는 영국이 공정한 할당분 이상의 뼈를 다른 방법으로 입수하고 있다고 생각하였다. 그는 이 같은 부정한 행동을 중지시키고자, "영국이 죽은 사람의 뼈, 특히 전투에서 죽은 군인들의 뼈를 원료로 사용하는 것은 신을 무서워하지 않는 짓이다."라고 비난하였다. 그의 주장은 다음과 같았다.

"영국은 다른 모든 나라로부터 비옥한 조건을 빼앗아 가고 있다. 그들은 뼈에 욕심을 부린 나머지 이미 라이프치히, 워털루, 크리미아 전쟁터를 파헤쳤다. 그런가 하면 시칠리아의 지하 묘지로부터 세 대의 해골을 운반해 갔다. 매년 영국은 다른 나라들로부터 사람 350만 명분에 상당하는 비료를 가져갔다. 영국은 흡혈귀처럼 유럽의, 아니 전 세계의 머리에 달라붙어 그들에 대한 정의 따위에는 아랑곳없이 심장의 피를 빨아들이고 있다."

어쩌면 리비히는 자기 자신도 크게 공헌한 하나의 발견을 로즈가 장삿속으로 발전시켜 크게 성공을 거둔 것을 시기하였는지도 모른다. 혹은 그 자신의 나라가 새로운 비료의 제조를 영국만큼 크게 발전시키지 않았으므로 실망하였는지도 모른다. 그런데 비료 제조업자가 인골(人骨)을 사용하고 있다고 말한 것은, 리비히 한 사람만이 아니었다. 패리는 일찍이 1813년, 배에 실어 런던으로 들여온 뼈의 일부가 무덤에서 파온 것이라는 말을 들었다고 하였다.

1856년 어느 잡지에 다음과 같은 기사가 실렸다.

나는 독일의 한 납골당에 안치되어 있던 뼈가 대량으로 하르에 왔을 때, 이 곳에 온 짐의 상당량은 사람의 뼈라는 말을 들은 적이 있다.

일 년 후에, 또다른 통신원은 이렇게 쓰고 있다.

나는 산더미 같은 뼛가루 속에서 사람의 둘째 손가락 마디를 본 일이 있다. 또한 러시아와 독일의 전쟁터는 묻혀 있는 뼈를 캐내기 위해 파헤쳐졌으며, 이렇게 해서 얻은 뼈는 비료로 만들기 위해 영국으로 반송되었다는 이야기를 들었다.

구아노와 인광석

16

문 받침대와 인산광

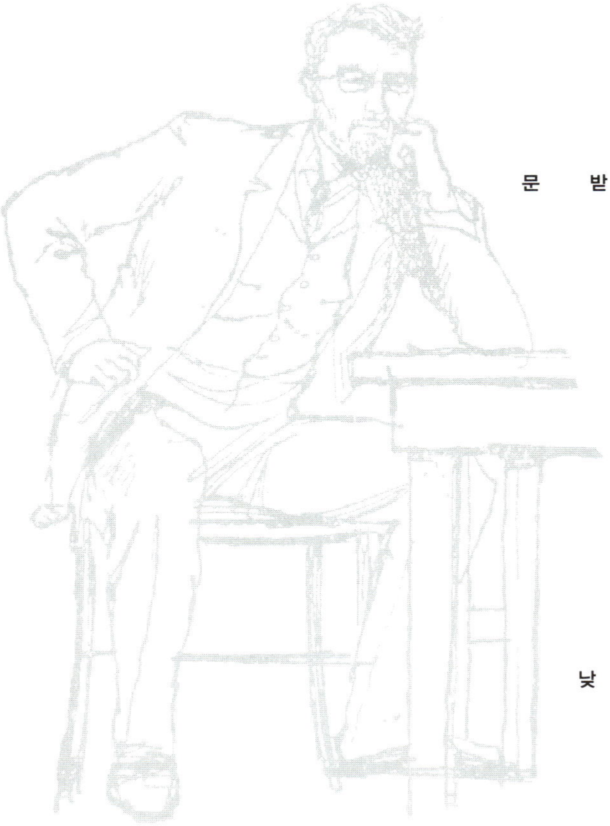

문 받침대로 쓰인 인산석

낮잠 자는 버릇 때문에

구아노와 인광석

제15장에서 설명하였듯이, 1850년대에 이르러 인을 함유한 비료의 수요가 엄청나게 늘어났기 때문에 뼈 이외에서 인의 원료를 찾아내지 않으면 안 되게 되었다. 이러한 원료 중 '구아노(guano)' 라는 것이 있었는데, 이것은 1840년경부터 유럽으로 반입되어 농민들 사이에서 널리 이용되었다. 구아노는 펠리칸, 펭귄, 갈매기 등 바닷새의 똥이나, 이들의 시체, 바다코끼리와 같은 바다에 사는 짐승들의 시체를 원료로 하여 만들어졌다. 그것들은 열대의 뜨거운 햇빛을 받아 모두 바싹 말라 버렸기 때문에 수백 년 동안 아무런 변화 없이 그대로 남아 있을 수 있었다.

구아노의 **광상**은 페루와 북아메리카, 서인도제도, 태평양의 일부 섬에 풍부하게 산재해 있는데, 잉카 민족은 스페인 사람들에게 정복되기 훨씬 전부터 구아노를 농업에 이용하였다. 구아노는 대단히 귀중한 것으로 여겨져, 번식기에 광상 부근에서 바닷새를 죽인 것이 발견되면 수하를 막론하고 가차 없이 사형에 처해졌을 정도였다.

장소에 따라서는 구아노가 몇천 년을 지나는 동안 바닥의 암석과

광상(鑛床) 이란?
유용한 광물이
땅 속에 많이 묻혀 있는 부분.

융합되어 굳어지기도 하는데 이것을 보통 '인광석'이라고 한다.

로즈가 출원한 특허(제15장 참조)에는 어떤 종류의 인광석에서든지 비료를 만들 수 있는 방안이 들어 있었다. 이미 그는 분화석을 가지고 비료를 만들고 있었으나 그 수요에 미치지 못한 나머지, 다른 종류의 인광석을 급히 구해서 사용하게 되었다. 그 중에는 산호초에 생기는 특별한 인광석도 포함되어 있었는데 이런 종류의 광석은 1856년경에 처음으로 비료의 원료로 사용되었다.

다음의 이야기는 산호초에서 만들어지는 인광석, 특히 남태평양에 있는 오션 섬과 나우루 섬의 작은 산호초에서 얻어지는 것과 관련이 있다.

문 받침대로 쓰인 인산석

이 두 섬은 1880년 독일에 점령되었으나, 제1차 세계대전 후 영국령이 되어 길버트 엘리스 제도의 영국 직할 식민지의 일부가 되었다.

이 곳에는 무수히 많은 바닷새—그 가운데 몇 종류는 오늘날 멸종되었다.—가 서식하였는데, 그들이 만들어 내는 구아노는 몇천 년을 지나는 동안 밑바닥의 산호층과 융합해서 단단한 암석으로 변했다. 그것은 흔히 지면 가까이에서 발견되었는데 밑둥은 12m에서 그 이하의 깊이에까지 이르렀으며, 인산을 8, 90% 함유한 순수한 인광석이었다. 또한 이 광상은 너비도 대단히 커서 섬 전체를 에워싸고 있었다.

이처럼 광대하고 귀중한 인광석은 1900년 퍼시픽 아일런즈사에 고용되어 있던 분석화학자 앨버트 엘리스(Albert Ellis, 후에 앨버트 경이 됨)가 우연히 발견할 때까지는 아무에게도 발견되지 않았다. 이 회사는 섬 주민들을 상대로, 야자열매, 진주조개의 껍질, 구아노 등을 사들이고 있었는데, 1899년까지 이미 알려진 인광 자원은 거의 바닥이 나 버려서, 회사의 간부들은 파산의 가능성을 신중하게 고려하지 않을 수 없는 상황이었다. 앨버트 엘리스의 아버지는 퍼시픽 아일런즈사의 임원이었는데, 그는 특히 오스트레일리아와 뉴질랜드를 상대로 하는 사업에 깊은 이해관계를 가지고 있었다.

어느 날 엘리스는 시드니에 있는 자신의 실험실에서 문이 닫히지 않도록 받침대로 쓰고 있던 큰 돌덩이를 주의 깊게 살펴보게 되었다. 그는 돌덩이가 길버트 엘리스 군도의 어느 섬에서 나는 돌과 비슷하다고 생각하였고, 알아보았더니 그것은 화석이 된 나무 조각이었다. 3년 전 회사 지배인이 나우루 섬에서 발견하여 가지고 온 것으로, 한동안 엘리스는 돌덩이를 그대로 방치해 두었다. 그러던 어느 날 그것을 조금 잘라 분석해 보았고, 엘리스는 그 암석이 인산을 많이 함유하고 있다는 것을 알아 냈다. 또한 그는 나우루 섬에 이와 똑같은 암석이 대량으로 있다는 것과 오션 섬의 바위의 구조가 나우루 섬과 유사하다는 것을 알고 있었다. 그래서 그는 이들 섬으로 가는 배의 선장에게 암석의 샘플을 가져오도록 지시했다. 이 샘플은 시드니에 있는 한 실험실에서 분석되었는데 인산을 풍부하게 함유하고 있다는 것이 확인되었다. 엘리스와 지배인이 기뻐한 것은 두말 할 것도 없었다.

낮잠 자는 버릇 때문에

회사는 재빨리 그 암석을 채굴하여 오스트레일리아로 운반한 뒤 인산 비료를 만드는 작업에 착수했다. 1900년, 먼저 오션 섬에서 발굴이 시작되었고, 6년 후에는 나우루 섬에서도 같은 일이 벌어졌다.

이 광상들의 가치는 굉장한 것이었다. 그것은 제1차 세계대전 때 전 오스트레일리아 인광석의 주된 공급원이었으며, 그 후에도 오스트레일리아, 영국, 뉴질랜드의 비료 공장에 대량의 원료를 공급하였다.

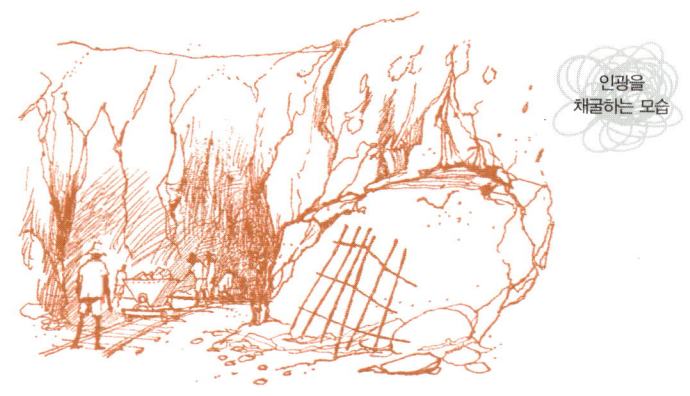

인광을
채굴하는 모습

훗날 앨버트 엘리스 경은 자신이 광상을 발견하는 데 실마리가
된 돌덩이가 왜 오랫동안 사람들의 눈에 띄지 않는 장소에 뒹굴고 있
었는가를 설명하면서 다음과 같이 쓰고 있다.

중년이 지난 시드니의 한 실업가는 점심을 먹고 40분간 낮잠을 자는
버릇이 있었는데, 식사가 끝나면 그는 사무실로 돌아와 실험실 옆에
있는 작은 방으로 들어가는 것이었다. 그 곳에는 길버트 섬에서 만든
부드럽고 큰 돗자리가 말려져 있었다. 이것을 펴면 제법 근사한 요가
되었다. 그런 다음 옆에 있는 큰 돌덩이를 이 즉석 침대의 머리맡에 놓
고, 상의를 둘로 접어 그 위에 얹어 놓으면 그럴듯한 베개가 되었다.
몇 달 동안 이 신사는 그렇게 낮잠을 자고 있었으나, 자기가 베고 자
는 것이 인광석 덩어리라고는 전혀 상상도 하지 못했다. 이 돌덩이가
1900년대 초, 나우루 섬과 오션 섬에서 광상이 발견되는 실마리가 된
바로 그것이었다.

문 받침대와 인산광

173

17

곰팡이와 감자 흉년

필 수 상 의 곡 물 정 책

에 이 레 사 람 들 과 감 자

무 서 운 **감 자 흉 년**

곡 물 법의 **폐 지**와 **필 수 상**의 사 임

감 자 병 의 원 인 은 곰 팡 이

필 수상의 곡물 정책

　　영국에서는 곡물의 수입과 수출을 규제하는 '곡물 조령'이 수백 년 전부터 있었다. 특히 19세기 전반에 제정된 곡물법은 수입되는 밀 전부에 대해 과세를 징수함으로써 영국의 농업 경영자를 외국과의 경쟁으로부터 보호하였다. 관세액을 그 시기에 맞게 적당히 변동시켜 값이 싼 외국산 밀도 영국 시장에서는 언제나 국산 밀과 같은 값으로 팔리게 한 것이었다.

　　그러나 그 무렵 영국은 급속히 공업 국가로 변해 가고 있었고, 공업 지역에 사는 많은 사람들은 이 관세 부과를 강력히 반대하였다. 그들은 관세가 빵값을 올릴―사회를 희생시킴으로써 농업 경영자만 돈을 벌게 할―뿐만 아니라, 외국인이 그 보복으로 영국 상품에도 관세를 부과하면 영국인들이 기계나 직물 따위를 해외로 파는 데에 어려움이 있다고 주장하였다.

　　그 시기 토리당과 휘그당, 두 정당은 서로 정반대의 생각을 가지고 있었다. 토리당은 보호 무역을 내세웠으나 휘그당은 모든 수입 관세의 철폐를 강력히 주장하며 '문호 개방'을 슬로건으로 내걸었다.

　　이 장의 이야기는 1845년부터 시작되는데, 그 때는 로버트 필 경

(Sir Robert Pell, 1788년~1850년)을 수상으로 하는 토리당 정부가 4년간에 걸쳐 집권하고 있을 때였다. 필 수상은 그 전부터 농업 보호에 대한 생각이 서서히 변하고 있었고, 그 해 전반에 걸쳐 그의 정책은 관세를 점차 완화시키는 방향으로 바뀌고 있었다. 또한 언젠가는 이것을 완전히 폐지시켜 버리겠다는 마음까지도 먹고 있었다.

그의 전기 작가가 쓴 글에 따르면, 필 수상이 관세를 폐지하겠다는 결심을 궤도 위에 올려놓는 일은 손을 한 번 까딱하는 것만으로도 가능하였다고 한다. 그러나 한 번 그 일을 단행하면 엄청난 반발이 일어날 것은 자명하였다. 보호무역주의의 토리당의 지도자인 그가 어쨌거나 한 가지 상품에 대해서 보호를 포기하는 꼴이 되기 때문이었다.

에이레 사람들과 감자

마침내 관세 폐지로까지 몰고 간 한 사건이 생긴 것은, 유럽의 일부 지방에서 감자에 원인 모를 병이 유행하기 시작하고부터였다.

이 병에 걸린 감자밭은 악취가 코를 찌르는 부패더미로 변해 버렸다. 1845년 8월이 되자 이 병은 영국에도 퍼지고, 9월에는 에이레까지 전파되었다. 200년 전부터 에이레 인구의 절반 이상이 감자를 주식으로 해 온 것을 감안할 때, 에이레에서의 그 영향은 특히 심각할 수밖에 없었다.

에이레에 감자가 전해진 것은 월터 롤리(Walter Raiegh, 1554(?)년~1618년)

시대였다. 17세기 에이레 폭동 때에 이르러서 감자는 매우 각광받는 작물이 되었는데, 그 이유는 다음과 같다. 농민들은 전란 때 귀리나 밀 같은 작물들이 적군들에 의해 간단하게 초토화 될 수 있음을 뼈저리게 체험하였다. 그들은 자라는 작물을 발로 짓밟아 못 쓰게 만들었고, 수확한 것은 불을 질러 버리거나 약탈해 갔다. 그런데 감자는 시간을 들여 밭을 파헤치거나 땅을 갈아 내지 않으면 훼손되는 것이 아니어서 전란기의 식량으로는 매우 적절한 작물이었던 것이다.

　가난한 에이레 농민들의 생활은 영국 본토 농민의 생활과는 아주 달랐다. 그들의 대다수는 판잣집에 살았으며 먹을 것이나 의복도 형편없었다. 그들은 매년 몇 주일 동안 품삯 없이 일을 해 주고, 그 대신 좁은 농토를 자우로이 사용할 수 있는 허가를 받았다. 손바닥만 한 땅에서 그들은 온 가족이 먹을 수 있을 만큼의 감자를 수확하는 것은 물론 그 밖에 필요한 식량의 대부분을 재배하였다.

　이러한 환경에서 살고 있는 사람들에게 감자는 수확량이 아주 많다는 점에서 큰 이점을 갖고 있었다. 한 통계에 의하면 감자는 1200평의 토지에서 1년에 18톤 가량을 수확할 수 있었고, 이듬해 6월까지 먹을 수 있는 상태로 저장이 가능했으며, 여축해 두었던 감자가 바닥이 나면 사람들은 으트밀 등을 먹고 살았다. 그래서 6월부터 새로 감자가 수확되는 10월까지의 각 달을 '분식의 달'이라 불렀다.

　1200평의 땅으로부터 약 18톤의 감자가 수확된다면 '분식의 달'을 뺀 1년 동안 매일 70kg씩 먹을 수 있는 계산이 나온다. 19세기 초 에이레 사람들은 감자를 삶거나 굽거나 가루로 만들어 하루에 5~6kg

을 먹을 수 있었다. 그러니까 1,200평의 밭이 풍작이면, 대가족을 너 끈히 부양할 수 있었으며, 18세기 말부터 에이레의 인구는 폭발적으로 증가하기 시작했기 때문에 감자 재배는 시의 적절한 것이었다.

1785년에는 약 285만 명이던 인구가 1845년에는 830만 명으로 거의 세 배나 늘어나 있었다. 다음과 같은 기록은 그네들이 어떤 음식을 먹었는가를 밝혀 주고 있다.

감자를 삶아 껍질을 벗기지 않은 채 나뭇가지로 엮은 바구니에 넣어 집 문간의 층계 위에 놓아 물기가 걷히게 했다. 그런 다음 엄지손가락 손톱으로 껍질을 벗겼는데■ 이것이 가난한 지방 사람들의 주식이었다. 고기는 크리스마스나 부활절 때 아니면 거의 먹을 수가 없었으며, 생선이 곁들여질 때에는 생선을 바구니에 넣어 손으로 뜯어 먹었다. 또한 소금물이나 우유를 냄비에 담아 식탁 위에 놓았다가 감자에 찍어 먹는 것이 예사였고, 먹다 남은 것이 있으면 감자 케이크를 만드는 데 사용하였다.

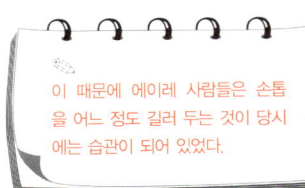

이 때문에 에이레 사람들은 손톱을 어느 정도 길러 두는 것이 당시에는 습관이 되어 있었다.

무서운 감자 흉년

1845년 10월, 정부는 감자병의 영향을 조사하기 위한 위원회를 만들었다. 위원회는 아직 병에 걸리지 않은 감자를 살리려면 어떻게 해야 되는지를 조사하였으나, 병의 원인을 밝혀 낼 수는 없었다.

감자병의 원인에 대한 사람들의 의견은 분분하였다. 어떤 사람은 기후 때문이라그 하였고, 또 어떤 사람들은 감자의 생명이 다했기 때문이라고도 하였다. 전기 작용을 믿는 많은 사람들은 병의 조짐이 보이는 감자밭 위에서 밤에 푸른빛이 번쩍번쩍하는 것이 보인다는 말을 하였으며, 곤충이나 지렁이 또는 밤에 내리는 서리가 감자병의 원인이라고 말하는 이도 있었다.

그 원인이 무엇인지는 몰랐으나 11월이 되자 한 유명한 에이레의 지도자는 긴급 대책을 세우지 않으면 기근과 나쁜 질병이 눈앞에 닥쳐올 것이라고 경고했다. 수확의 3분의 1이 줄어들었으며, 시골에서는 밭과 빈터까지 버려진 감자로 뒤덮였고, 이것이 썩어 악취를 풍기고 있다고 말했다.

"만일 필 수상이 이 경고에 귀를 기울이지 않으면, 그는 무수한 사람을 죽였다는 책임을 피하기 어려울 것이다. 어째서 그는 문호를 개방하지 않는가. 모든 외국 정부에서는 그렇게 하고 있는데 말이다. 지금 죽느냐 사느냐의 문제가 눈앞에 다가오고 있다. 국민들에게 먹을 것을 주어라."

시골은 광경은 그야말로 비참하였다. 1848년에 씌어진 한 기사는 다음과 같이 말하고 있다.

1주일이 채 되기도 전에 시골 전체의 양상이 달라졌다. 줄기는 밝은 녹색을 띠고 있으나 잎은 말라서 검게 죽어 있고, 감자밭은 마치 불타

버린 것처럼 검게 보였으며, 감자는 고작 공깃돌 아니면 비둘기 알만한 크기로 자라고는 성장이 멈추어 버렸다.

정부는 서둘러 긴급 대책을 세웠다. 그것인즉 수천 명의 노동자들에게 일자리와 임금을 주고 대량의 옥수수를 외국으로부터 사들인다는 것이었다. 그러나 당장 감자를 대체할 만한 것을 대량으로 구한다는 것은 사실상 불가능한 일이었다. 겨울이 지날 무렵 수백만의 에이레 농민들은 아사 직전까지 이르렀다. 그들의 고통은 참담했으며 수천 명이 굶주려 시름시름 앓다가 죽어 갔다.

곡물법 폐지와 필 수상의 사임

자유무역론자들은 곡물 관세의 폐지를 실현시키기 위해 이 무서운 재난을 적극적으로 이용하였다. 관세의 폐지를 신중히 고려해 왔던 필 수상에게 에이레 농민들의 불행은 큰 영향을 주었다. 웰링턴 공은 이것을 알아차리고, "에이레에 기근이 계속되는 동안 나는 이제까지 필이 그토록 고민하는 것을 한 번도 본 적이 없었다.", "썩은 감자가 필을 벌벌 떨게 했다."고 말하였다.

에이레 사람들을 동정한 것인지 아니면 썩은 감자에 놀란 것인지는 모르겠으나 어쨌든 필 수상은 의회에 곡물법의 효력을 정지하는 제안을 내기로 결심했다. 그의 각료 중 몇 사람은 이를 반대했으나 웰링턴 공은 강력히 지지하였다. 공은 일반적인 자유 무역에는 반대했으나 '농촌을 보살피는 정부는 곡물법보다 중요하다.'고 믿었기 때문에 지도자로서의 필에게는 반대하지 않았다.

의회에서는 격론이 계속되고 상당한 시일이 걸렸으나 마침내 1846년 6월에 곡물법이 폐지되었다. 의회가 이를 의결하던 중 필의 동료였던 대부분의 보호무역론자들은 정적(政敵)인 휘그당과 손을 잡았다. 이 때문에 필은 정권을 빼앗기고 두 번 다시 수상 자리에 오를 수 없었다.

감자병의 원인은 곰팡이

곡물법의 폐지가 곧 에이레를 구할 수는 없었다. 사람들의 기대와 기도의 보람도 없이, 다음 해 감자밭의 피해는 전 해의 두 배나 되었다. 2년 동안의 기근에 얼마나 많은 인명이 희생되었는가에 대해서는 계산이 서로 엇갈렸다. 적어도 20만에서 30만 명이 기아와 식량 부족에서 생기는 열병으로 죽었다고 한다. 굶주리는 에이레인은 영국 본토로 몰려들었고, 많은 사람들이 **이민선** 위에서 또는 목적지에 도착하자마자 죽어 갔다. 기근이 끝난 뒤에도 이민은 계속되고 많은 사람들이 미국으로 건너갔다. 너무나도 많은 사람

이민선(移民船)이란?
예전에, 가는 길에는 이민 가는 사람을 태워 나르고 오는 길에는 화물을 운반하던 화객선.

들이 외국으로 빠져나갔기 때문에 기근 전의 에이레 인구가 830만 명
이었던 것이 5년 후에는 660만 명으로 줄어들었다.

과학자들은 이 감자병을 면밀히 연구하였는데 그 중 한 사람은
다음과 같이 기술하였다.

잎 위에 검은 반점이 나타나는데 잎 뒤를 조사해 보면 반점의 가장자
리에 아주 미세한 회색의 곰팡이 같은 것을 육안으로 볼 수 있었다.
곰팡이 같은 것은 버섯의 경우와 유사한 흰색의 균사를 갖고 있었는
데 이 균사는 거미줄보다도 더 가늘고 길다. 균사는 잎의 세포 사이에

서 발육하여, 잎 뒷면의 호흡 구멍을 통해 밖으로 나온다. 밖으로 나온 각 균사 끝에는 씨앗이 들어 있는데, 속이 비어 있고 반짝반짝 빛나는 구슬 모양의 것이 생긴다. 이 씨앗은 때때로 눈처럼 구슬 밖으로 흩어진다.

이와 같이 흰 균사를 가진 식물을 곰팡이, 넓게는 균류라고 부른다. 균류는 잎도 없고 식물체에 녹색을 띠게 하는 엽록소도 갖고 있지 않으며 꽃도 피지 않을 뿐더러 열매도 맺지 않는 식물이다. 이 과학자가 '씨앗'이라고 한 것은 오늘날 포자(胞子)라고 불리고 있다. 포자는 아주 작아서 바람에 날려 공중에 떠돌다가 적당한 잎에 붙으면 곧 성장을 시작한다. 이 식물은 잎을 만드는 물질을 먹고 살기 때문에 이 포자가 붙은 식물은 점점 약해지다가 결국은 썩고 마는 것이다.

1846년의 어떤 기록에는 그 전해의 주요한 사건을 요약하여 다음과 같이 기록하고 있다.

1845년의 연말은 전혀 생각지도 않은 정치 사건으로 장식되었다. 필 내각은 겉으로 보기에는 순탄한 가운데 절정기에 이르렀으나, 갑자기 로버트 필 경은 사임하지 않으면 안 되는 상황에 직면했다. 광범위한 지역에 감자병이 발병한 사건이 가장 강력한 내각 하나를 파탄시켰다는 것은 무척 이상한 일이라고 생각될 것이다. 그러나 그가 사임해야만 했던 필연적인 이유는 이렇듯 하찮은 사건 때문이었다.

사임하는 필 수상과
병든 감자 줄기

    그림은 필 수상이 마지막으로 하원을 나서는 장면이며 왼쪽 위는
병든 감자의 그림이다.

    감자병이 만든 또 하나의 결과는 생사에 관련된 수년간의 체험을
통해 에이레 사람들이 앞으로 닥쳐올지도 모를 기근을 매우 걱정하게
되었다는 점이다. 이 공포는 40년 후에 이 병이 마침내 정복될 때까지
사라지지 않았다(제18장 참조).

18 장난꾸러기 소년과 곰팡이

장 난 꾸 러 기 와   길 가 의   포 도 나 무

보 르 도 액 의   위 력

메도크(Medoc) 지방은 수백 년 전부터 프랑스의 주요 포도주 생산지 중 하나였다. 지롱드 강이 이 곳을 지나 보르도에서 바다로 합류하는데, 강이 흙을 적당히 적셔 주기 때문에 포도 재배에 가장 적합한 고장이 된 것이다.

포도 재배어는 자연재해가 적지 않게 있었는데, 때로는 감자밭에 엄청난 손해를 입히기도 하였다. 예컨대 1851년에는 오이디움(oidium)이라는 곰팡이가 처음으로 나타나서 큰 피해를 주었다. 또 1860년대에는 포도뿌리혹벌레인 필록셀라(Phylloxera)가 남프랑스 일대의 감자밭을 덮쳐 많은 포도나무를 말라 죽게 하였다. 그로부터 10년 뒤에는 **노균병**이 유행하여 포도 재배자들에게 수천 파운드의 막대한 손해를 입혔다.

노균병(露菌病) 이란? 특히 서늘하고 습기가 많은 곳에서 여러 가지 곰팡이 때문에 생기는 식물의 병.

물론 포도주 생산자나 과학자들이 이러한 자연의 피해가 포도 재배를 망치는 것을 가만히 보고만 있었던 것은 아니다. 이러한 질병을 연구한 식물학자는 미야르데(Pierre Marie Alexis Millardet, 1838년~1902년)였다. 그는 1876년 보르도 대학의 교수로 임명되어 그 곳에서 전부터 해 오던 연구를 계속했다. 그는 프랑스 감자밭의 토질, 기후, 그 밖의 조건

장난꾸러기 소년과 곰팡이

187

에 적합하면서도 질병에 강한 새로운 포도 품종을 만들고자 노력하고 있었다.

이 장의 이야기가 본격적으로 시작되는 것은 1882년인데, 그 무렵 미야르데는 포도를 습격하는 질병에 대해 이미 풍부한 지식을 축적하고 있었다. 그래서 같은 프랑스 사람인 파스퇴르와 마찬가지로 포도와 그 질병에 관한 것이라면 어떤 우연한 발견일지라도 빼놓지 않고 모두 이용할 준비 태세를 갖추고 있었다.

장난꾸러기와 길가의 포도나무

1882년의 어느 날, 미야르데는 메도크 지방의 감자밭을 가로질러 걷고 있었다. 이 고장에는 노균병이 퍼져서 농민들이 큰 피해를 입고 있었는데, 그는 무심코 길을 걷다가 다음과 같은 사실을 알게 되었다. 길가에 있는 포도나무는 노균병에 걸리지 않았는데 길 안 쪽에 있는 나무는 모조리 노균병에 걸려 있었던 것이다. '길가의 포도나무는 왜 병에 걸리지 않는 것일까?' 그는 이상하다고 생각했고 곧 그 까닭을 알게 되었다.

이 지방에서는 오래 전부터 장난꾸러기들이나 포도를 훔치려는 도둑들로부터 포도를 지키기 위해 특별한 방법을 써 오고 있다는 것을 생각해 냈다. 그것은 황산동과 석회를 섞은 물질을 지나가는 사람이 손을 뻗으면 쉽게 닿을 만한 포도에 뿌려 놓는 것이었다. 이 혼합물을 '보르도액' 이라고 하는데 이것은 포도를 쓴맛이 나게 하며, 이를 씻지 않으면 없어지지 않고, 마치 녹색의 독을 바른 것처럼 보이게 하였다. 미야르데는 보르도액을 뿌린 포도는 병에 걸리지 않았으나 그렇지 않은 포도는 병에 걸린다는 것을 알아 냈다.

미야르데는 노균병의 균이 여름에 많은 포자를 만들어 번식하며, 이 포자가 물에 젖으면 **유주자**라는 아주 작은 것들을 수 없이 많이 방출한다는 사실을 알고 있었다. 유주자는 물 속을 한동안 헤엄쳐 다니다가 어떤 물질에 달라붙으면 작은 관을 뻗는다. 이것이 젖은 잎새 표면에서 자라면 그 관이 점점 늘어나 기공을 통해 잎 속으로 들어가는데 한 번 잎 내부로 들어가 자리를 잡으면 노균병은 엄청난 속도로 퍼지게 된다.

> 유주자(遊走子)란?
> 편모(鞭毛)를 가지고 물 속을 헤엄 치는 홀씨, 조류(藻類)나 균류 따위에서 볼 수 있으며, 다른 것과의 접합이 없이도 무성적(無性的)으로 생식을 하여 발생한다.

길가의 포도나무 잎에 보르도액이 묻어 있는 것을 보자 미야르데는 문득 몇 해 전에 했던 실험이 생각났다. 그는 실험서에 이렇게 설명하였다.

나는 여름에 포자의 발육을 연구하면서 이 생식체가 우물물로 처리되면 결코 발육하지 않는다는 것과 빗물이나 이슬, 증류수 따위를 사용하면 즉시 유주자를 만들어 낸다는 사실을 발견하였다.

그는 자기 집의 우물 펌프가 구리관으로 되어 있다는 것을 생각

하고는 보르도액 ─ 이것도 구리를 포함하고 있다. ─ 과 위와 같은 지식을 관련지어 보았다. 그의 집 우물은 구리관을 통과하므로 약간의 구리가 물에 녹아 있을 가능성이 있다고 그는 생각하였고 우물을 분석해 본 결과 사실이었다. 그는 연구를 거듭한 끝에 그 우물물보다 열배나 묽은 구리염(銅鹽)의 용액이라도 포자가 유주자를 만들어 낼 수 없다는 것을 알아 냈다.

보르도액의 위력

이렇게 해서 구리를 함유한 물질이 결과적으로 노균병의 번식 과정을 중단시킨다는 충분한 증거를 얻었기 때문에, 그는 황산동과 석회의 혼합물을 실제로 포도밭에 대규모로 실험해 본 뒤 결정적인 증명을 하기로 결심하였다. 그러나 그렇게 하려면 다시 노균병이 유행할 때까지 기다려야만 했다.

1885년, 마침 이 병은 다시 번지기 시작했고, 미야르데는 실험을 개시했다. 그는 큰 포도밭을 두 지역으로 나누어, 한쪽에는 이 혼합물을 뿌렸고 다른 한쪽에는 그냥 두었다. 그 후 보르도액을 뿌린 포도는 거의 노균병에 걸리지 않았으나 뿌리지 않은 포도는 곧 이 병에 걸렸다.

미야르데와 그의 동료들은 이 병이 정복될 것을 확신하고 보르도액을 대량으로 생산하게 하였다. 그런가 하면 이것을 손쉽고 경제적으로 뿌리는 방법도 고안하여 놀라운 효과를 거두었다. 노균병을 예방하는 방법이 발견된 덕분에 프랑스의 포도 재배는 엄청난 이익을 보게 되었으며, 이 사실은 곧 유럽 전역에 퍼져 포도 재배자들은 보르도액 덕분에 수천 파운드를 절약할 수 있었다.

미야르데는 혼합물이 보다 더 큰 가능성을 갖고 있다는 것을 알았다. 그는 이것이 유럽과 아메리카에서 행해 온 온갖 노력에도 불구하고 맹위를 떨쳐 온 천재(天災)를 제거하는 데 효과적이라고 말한 다음

이렇게 말을 이었다.

"그러나 이것으로 실험이 끝나는 것은 아니다. 포도에 노균병을 일으키는 균과 감자나 토마토의 병을 일으키는 곰팡이는 서로 닮았는데, 나는 앞으로 이들 병에 대한 치료법을 알아 낼 수 있을 거라 생각한다."

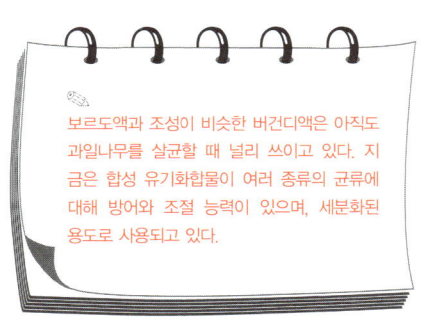

보르도액과 조성이 비슷한 버건디액은 아직도 과일나무를 살균할 때 널리 쓰이고 있다. 지금은 합성 유기화합물이 여러 종류의 균류에 대해 방어와 조절 능력이 있으며, 세분화된 용도로 사용되고 있다.

1890년 보르도액■이 감자의 부패병을 예방하는지에 대한 실험을 한 결과, 매우 효과가 크다는 것이 판명되었다. 이렇게 해서 감자를 보존하려는 오랜 싸움은, 한 교수가 짓궂은 장난꾸러기들한테 길가의 포도를 도둑맞지 않으려고 썼던 방법에 우연히 눈을 돌린 덕분에 승리를 거두게 되었다.

훗날 어떤 사람들은 자신들이 미야르데 교수보다 훨씬 앞서 구리염이 포도를 좀먹는 곰팡이를 막는 데 효과적이라는 것을 발견했었다고 주장하기도 하였다. 어쩌면 그것이 사실이었는지도 모르지만, 미야르데가 그들과 관계 없이 자신의 혼합물의 효능을 발견한 것과 이처럼 귀중한 예방제가 그의 노력으로 세상에 널리 쓰이게 되었다는 것은 의심의 여지가 없다.

1958년에 출간된 어떤 책에 따르면, 보르도액이 그 때까지도 널리 사용되고 있음을 알 수 있다. 이 액은 에이레의 감자에서부터 자메이카의 바나나, 서아프리카의 코코아, 유럽의 포도, 브라질의 커피,

인도네시아의 차에 이르기까지 세계의 모든 지방에서 사용했다고 한
다.

19

놀라운 우연의 일치

어 린 개 똥 벌 레 사 냥 꾼

갈 라 파 고 스 군 도

지 질 학 원 리 와 인 구 론

다 윈 의 진 화 론

월 리 스 의 진 화 론

동 시 에 발 표 된 두 개 의 논 문

서 로 를 칭 찬 하 다

과학사에서 가장 놀라운 우연의 일치는 다윈(Charles Robert Darwin, 1809년~1882년)과 월리스(Alfred Russel Wallace, 1823년~1913년)가 서로 전혀 관계 없이 동식물의 진화에 관해 거의 똑같은 생각을 전개시켜 1858년에 동시에 발표한 사실이다.

진화에 대해서는 1858년보다 훨씬 이전부터 이미 과학자들 사이에 논쟁의 대상이 되었는데 다른 많은 사람들도 고찰해 온 이 문제에 두 사람이 어떻게 대처하였는가를 비교해 보는 것도 흥미 있는 일이다.

어린 개똥벌레 사냥꾼

이 두 사람이 받은 교육이나 경험, 그리고 사물을 생각하는 방법 등은 모든 점에서 서로 비슷했다. 또한 두 사람 모두 같은 두 권의 책을 읽음으로써 동일한 결론에 도달했는데, 다윈도 월리스도 어린 시절에는 개똥벌레를 잡는 것을 즐겼고 많은 곤충류를 수집했다. 사람들은 여러 가지 것들을 수집하는 버릇이 있는데 수집가들에게는 대개 하나의 공통된 점이 있다. 그것은 자기가 모으고 있는 것들에서 나타나는 지극히 작은 차이점이나 변화에 대해 강한 흥미를 갖게 된다는 것이다. 예를 들면 우표 수집가는 모아지는 우표 하나하나를 면밀히 조사하여 같은 종류의 다른 우표에 비하여 아주 작은 차이점 같은 것 ─ 절단 구멍, 투명도, 색조와 농담, 인쇄 효과 등등 ─ 은 없는지 찾게 되는 점이다.

젊은 두 사람의 개똥벌레 사냥도 그러했다. 어떤 개똥벌레를 잡으면 그것을 열심히 관찰하여 기록하고, 분류하는 데에 도움이 되는 다른 개똥벌레와의 차이점을 찾곤 하였다. 윌리스 자신도 훗날 말한 바와 같이 개똥벌레의 차이점이 제아무리 근소할지라도, 많은 개똥벌레를 조사하고 나서야 그 근소한 차이를 알아 내게 되었다.

이와 같은 어린 시절의 관찰 습관은 어른이 되어 과학 분야의 일에 종사할 때 무엇보다도 튼튼한 기초가 되었다. 두 사람은 근소한 차이를 관찰하였고, 훈련을 쌓은 과학자의 사변적인 정신과 세심한 주의를 더하여 연구를 계속하였다. 두 사람이 진화 이론을 생각하게 된 것은, 동식물의 같은 족(族) 사이에서 볼 수 있는 근소한 차이 바로 그것이었다.

갈라파고스 군도

두 사람은 이상한 생물들이 유달리 많은 지방에서 오랜 세월을 보냈다. 윌리스는 그 시기에 대해 다음과 같이 쓰고 있다.

우리는 다같이 여행 중에 고독한 시간을 많이 가졌다. (……) 그것은 우리 생애에서 가장 감수성이 예민했던 시기 — 20대 말, 아니면 30대 초반 — 에 자신이 매일 관찰하고 있는 현상에 대해 깊이 생각할 수 있는 충분한 시간이 있었다.

다윈은 1831년 **비글 호** 탐험대의 생물학자로 임명되었다. 이 탐험대는 오스트레일리아와 남아메리카의 섬들, 대서양, 태평양 연안에 있는 많은 섬들과 남아메리카에서 800km 가량 떨어진 태평양의 적도 부근에 있는 작은 화산 갈라파고스 군도를 방문하였다.

비글 호(Beagle란?
찰스 다윈이 태평양 등지를 탐사할 때 탔던 영국의 함선. 1831년 12월 27일 비글 호를 타고 데번포트를 출발해 지구를 일주한 후 1836년 10월 2일 팰머스에 돌아온 다윈은 이 항해에서 관찰한 결과를 토대로 진화론을 전개했다.

다윈의 주된 연구 대상은 여러 섬들과 산호초의 지질학이었다. 그러나 그는 부과된 연구를 하면서도 여러 섬에 머무는 동안 갖가지 생물 표본을 모았고, 주요한 관찰 기록을 작성하기도 하였다.

다윈은 특히 갈라파고스 군도에 서식하는 거대한 육지거북에 흥미를 가졌는데, 그는 이것을 선사 시대에 살던 육지거북의 직계 자손이라고 생각하였다. 그 이유는 이 작은 섬 사이에는 거센 해류가 흐르고 있어서 서로 단절되어 있으므로 육지거북들은 이 섬에서 다른 섬으로, 혹은 남아메리카 대륙으로부터 이 섬으로 이주하기란 전혀 불가능했다고 보았기 때문이다. 또 다윈은 한 섬에 사는 거북은 다른 섬에 사는 거북과는 여러 가지 점에서 다르다는 것을 관찰하였다. '거북의 크기뿐만 아니라 다른 특징도 그러했으며, 어떤 거북은 다른 섬의 거북과 비교해서 한층 둥글고 빛깔이 검으며, 요리를 하면 더욱 맛이 좋았다.'고 그는 쓰고 있다. 다윈은 또한 다른 생물들도 이런 차이를 보이고 있음을 알아 냈는데, 예컨대 한 섬에서 여러 사냥꾼이 쏘아 떨어뜨린 어떤 새는 다른 섬에서 잡은 같은 종과는 달랐다.

월리스도 다윈과 마찬가지로 생물학자로서 탐험대에 참가하게 되었는데, 1848년 아마존에 갔을 때에 그 곳에서 자라던 야자나무에 흥미를 가지게 되었다. 그 후 1854년에는 말레이 군도를 탐험하여 많은 곤충과 생물을 채집하여 관찰하였다. 그리고 이듬해에 그는 미래의 진화론에 대한 힌트를 얻었는데, '새로운 종의 도입'에 관해 쓴 논문 속에서 그것을 암시하기도 하였다.

지질학의 원리와 인구론

이 두 사람에게 영향을 준 유명한 책 두 권 중 하나는 찰스 라이엘(Charles lyell, 1797년~1875년) 교수의 《지질학 원리》제3권이었다. 다윈은 이 책을 열심히 공부했는데 그는 군함 비글 호를 탔을 때도 1830년에 출판된 그 책 제1권을 가지고 갔으며, 제2권도 발행되자마자 곧 송부해서 받았다. 귀국한 다음 그는 지질학회의 서기가 되었고, 이런 인연으로 라이엘과는 자주 만나게 되었다.

월리스 자신의 말에 의하면 그도 역시 이 책에서 깊은 감명을 받앗으며, 많은 사람들이 생각하는 것처럼 지구의 연령이 6,000년이 아니라 수백만 년이 넘는다는 것을 이 책이 가르쳐 준 것에 대해 감사하고 있다.

이 수백만 년 동안에 지구 표면 전체는 연속적으로, 그러나 매우 서서히 변해 온 것이다. 그래서 생물들이 변화하는 조건 속에서 살아남을 수 있다는 것은 그들도 역시 눈에 띄지 않을 만큼 매우 천천히 조금씩 변해 왔음에 틀림이 없다. 또한 라이엘의 책은 '과거는 현재 일어나고 있는 일을 토대로 설명되어야 한다.'고 강조하였다.

두 사람에게 대단히 강한 인상을 준 또 하나의 책은 맬서스(Thomas Robert Malthus, 1766년~1834년)가 1798년에 쓴 《인구론》 — 원제는 '인구가 사회의 미래 개량에 영향을 주는 원리에 관한 시론' — 이었는데, 이 책에서 맬서스는 다음과 같이 말하고 있다.

생물은 대단히 많은 자손을 만들기 때문에 만약 그것이 모두 자라서 노년에 이르기까지 산다면 지구는 곧 초만원이 될 것이다. 그러나 인구의 막대한 증가는 적극적인 저지작용으로 제동이 걸리는데, 그것이 바로 질병, 기근, 전쟁인 것이다. 생활이란 생존을 위한 투쟁이며, 여기서 가장 잘 적응하는 자만이 살아남는다.

1838년에 다윈은 영국으로 돌아와 쉬고 있을 무렵에 이 책을 읽은 것이 하나의 심심풀이였다고 훗날 쓰고 있다.

그는 그 때까지 동식물의 습성에 관하여 지속적으로 관찰을 하고

놀라운 우연의 일치

199

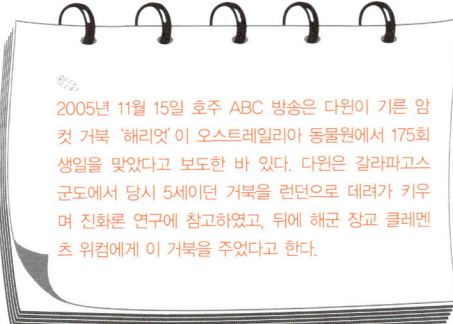

2005년 11월 15일 호주 ABC 방송은 다윈이 기른 암컷 거북 '해리엇'이 오스트레일리아 동물원에서 175회 생일을 맞았다고 보도한 바 있다. 다윈은 갈라파고스 군도에서 당시 5세이던 거북을 런던으로 데려가 키우며 진화론 연구에 참고하였고, 뒤에 해군 장교 클레멘츠 위컴에게 이 거북을 주었다고 한다.

있었다. 그는 한 섬에 사는 거대한 육지거북■들이 동일한 선조로부터 태어났을지라도 서로 약간씩 다르다는 것을 알았다. 맬서스는 그에게 다음과 같은 실마리를 주었다. 즉 살고 있는 섬의 조건에 합당한 약간의 차이를 가진 육지거북은 살아남을 수 있는 최적격자였다. 그러므로 지금까지 멸종되지 않고 살아온 것인데, 한편 부적당한 약간의 차이를 가진 것들은 생존 경쟁에서 지게 되어 멸종되었을 것이다.

월리스는 1858년보다 몇 년 앞서 이 책을 읽었는데 '나의 마음에 영원히 지울 수 없는 깊은 인상을 남겼다.'고 말하고 있다.

다윈의 진화론

우연의 일치는 또 있다. 월리스와 다윈이 맬서스의 이론을 진화론에 적용시키는 것을 즉시 착상한 것은 아니었다. 실제로 두 사람 모두 그것을 성취하는 실마리가 된 '통찰의 깨침'을 얻기까지는 오랜 세월이 걸렸다. 다윈은 이렇게 말하고 있다.

"맬서스를 읽었을 때 나는 지극히 중요한 한 가지 문제를 놓치고 말았다. 왜 그 문제와 해답을 놓쳐 버렸는지 이제 와서 생각해 보면 놀라울 뿐, 나로서는 '콜럼버스와 달걀의 원리' 로밖에 설명할 수가 없다. 내가 마차에 타고 있을 때 요행히도 그 해답이 머리에 떠올랐는데, 그 때 마차가 어느 길목 어디를 달리고 있었는지를 지금도 정확하게 기억할 수 있다."

마침내 그는 어째서 똑같은 선조가 몇 종류의 다른 자손을 가질 수 있는가에 대한 문제를 해결하였다. 그의 이론에 따르면 그렇게 되지 않을 수 없었던 것이다. 훗날 그는 다음과 같은 예를 들었다.

주로 땅굴토끼를 먹이로 삼지만 가끔 들토끼도 잡아먹는 여우나 개가 있다고 하자. 또 어떤 이유로 땅굴토끼의 수가 점점 줄어들고 들토끼의 수는 조금씩 늘고 있다고 가정하자. 그러면 여우나 개는 들토끼를 잡으려고 노력하지 않을 수 없을 것이다. 그래서 몸집이 가장 가볍고 다리가 가장 길며, 눈이 가장 좋은 여우나 개는 설령 그 차이가 근소할지라도 잘 적응하여 다른 놈들보다 더 오래 살고 먹이가 몹시 적을 때에도 어떻게든지 살아남는 경향을 보일 것이다. 그들은 또 보다 많은 새끼를 키울 것이며, 근소한 특이성을 어미로부터 물려받은 새끼들도 이런 경향을 나타낼 것이다. 그런가 하면 발이 빠르지 못한 놈은 어김없이 멸종할 것이 분명하다. 이러한 원인들이 대략 1,000세대를 거치는 동안에 확실히 눈에 띈 특징을 낳게 되어 여우나 개의 형태는 땅굴토끼 대신 들토끼 사냥에 더욱 알맞은 몸매로 바뀌리라는 것은 의심할 여지가 없다. 이것은 그레이하운드(greyhound)란 개를 주의 깊은

《인구론》을
읽고 있는
다윈

교미를 통해 개량할 수 있는 것처럼 명백한 사실이다.

　가축, 예컨대 개를 기를 경우 인간이 개의 암수를 고르는 데 따라
갖가지 변종을 만들어 낼 수 있다는 것을 그는 알고 있었다. 이와 마

찬가지로 자연이 야생 동물을 사육하는 경우, 자연은 생활 조건에 보다 잘 적응하는 특징을 가진 개체를 양친으로 고르고, 그 자연 법칙에 의해 한 쌍이 선택된다고 그는 추론하였다.

이와 같은 종(種)의 선택이 세대에서 세대로 수천 년을 계속하는 동안에 작은 변이가 축적된다. 그리고 세월이 흐름에 따라 그 차이는 대단히 커져서 똑같은 조상에서 나온 자손이 다른 종류의 동물, 즉 별종으로 변화하게 된다.

다윈은 이와 같은 생각을 식물계에도 적용시켜 겨우살이를 예로 들어 설명하였다. 이 식물은 예컨대 사과나무 따위와 같은 다른 식물의 가지에 뿌리를 뻗는다. 겨우살이의 열매를 새가 먹고, 씨앗은 소화되지 않은 채 똥에 섞여 배출되었다가 사방으로 멀리 흩어진다.

여러 개의 겨우살이가 같은 나뭇가지 위에 달라붙어 싹을 내고 뻗는다면 이것은 서로 싸우는 꼴이 될 것이다. 겨우살이는 새의 힘을 빌려 씨앗을 퍼뜨리므로 그 생존을 새에 의존하고 있다. 다시 말하면, 겨우살이는 새로 하여금 자신을 먹고 싶어 하게 만듦으로써 다른 겨우살이의 씨앗을 젖히고 자기 씨앗을 퍼뜨리고자 서로 경쟁한다고 할 것이다.

이러한 종의 선택을 그는 '자연선택' 이라고 이름 지었다. 이것은 낡은 종(種)이 서서히 진화되어 새로운 종으로 만들어지는 것을 가능하게 하는 하나의 과정이었다.

월리스의 진화론

　월리스가 맬서스의 책을 읽고 난 뒤 이에 대한 반응이 일어난 것은 다윈의 경우와 마찬가지로 오랜 시간이 지난 뒤였으며 또한 돌발적으로 일어난 일이었다. 그에 따르면 이렇다.

1858년 2월, 나는 모루카 군도의 테르나테 섬에서 아주 심한 말라리아에 걸려 앓고 있었다. 어느 날 한기의 발작이 일어나, 밖의 기온이 화씨 80°(약 27℃)라는데도 담요를 덮은 채 자리에 누워 있었다. 그 때 그 문제가 내 머리에 떠올라 무엇인가가 나에게 맬서스의 《인구론》속에서 말한 '적극적 저지작용'을 생각나게 하였다. 그 저지작용 — 전쟁, 질병 및 기아 등 — 은 인간뿐만 아니라 동물에게도 적용할 법하다는 생각이 떠올랐다. 동물은 놀라울 정도로 급속히 증가하므로 이러한 저지작용은 동물이 인간의 경우보다 훨씬 효과가 있을 것이라고 생각되었다.

나는 이 사실에 대해 막연한 생각을 하던 중에 갑자기 '적자생존'이라는 단어가 번개처럼 머리에 떠올랐다. 즉 이러한 저지작용에 의해 제거되는 개체란 전체적으로 보아 살아남는 것보다 분명 열등할 것이라는 생각이었다. 나의 몸살 기운이 가라앉기까지는 두 시간이 걸렸는데 그 동안 나는 그 이론의 거의 전부를 구상하였고 그 날 밤 안으로 내 논문의 초고를 거의 완성시켰다.

열대지방에서
병에 걸린
월리스

월리스는 다음과 같은 예를 들었다.

야생 동물의 생활은 생존을 위한 투쟁인데 여기서는 항상 가장 약하
고 불완전한 놈이 질 수밖에 없다. (……) 살아남기 위해 동물은 그 능
력과 체력의 전부를 쓰지 않으면 안 된다. 그들의 힘은 연습에 의해
강해지고, 또 먹이, 습성, 종족 전체의 살림에 따라 조금씩 바뀌기도
한다. 이렇게 해서 이른바 새로운 동물, 보다 힘이 뛰어난 동물이 태
어나며 이들은 필연적으로 그 수를 늘려서 보다 열등한 놈보다 오래
살아남을 것이다. 환경에 맞게 충분히 변하지 않는 개체는 죽게 될 것

이다.

이 설명과 앞에서 밝힌 다윈의 인용문을 비교해 보기 바란다. 놀라울 만큼 서로 유사할 것이다.

동시에 발표된 두 개의 논문

다윈은 여행을 하는 동안 종의 기원 문제를 다소나마 해명할 수 있을 만한 정보를 많이 모았다.

1837년, 나는 이 문제와 관련이 있을 듯한 사실을 빼놓지 않고 꾸준히 모았다. 이것을 가지고 계속 연구해 가면 이 문제에 관해 상당한 성과를 얻을 수 있으리라 생각했고, 5년간의 연구 끝에 이 주제에 대한 몇 개의 노트를 만들었다. 1844년에 나는 그것을 확대하여 당시 내가 자신 있다고 믿어지는 결론만을 모아 소논문을 썼다.

그러나 그는 이 논문을 발표하는 것만으로 만족하지 않고 더 많은 세월을 보내면서 사실을 정리하고, 자신의 서술이 의심할 여지없이 확실하다는 것을 증명하고자 노력하였다.

1858년 6월이 되어서도 그에게는 여전히 해야 할 일들이 많이 남아 있었다. 그런데 이 때 그는 동인도의 테르나테로부터 편지를 한 장

받았다. 그것은 친구인 월리스한테서 온 것으로, 그 편지에 들어 있던 시론(試論)은 다윈 자신이 종의 기원에 관해 짜 놓은 결론과 거의 똑같은 결론을 내리고 있었다. 그것을 보는 순간 그가 얼마나 놀라고 충격을 받았는가는 가히 상상할 만한 일이다. 다윈은 즉시 찰스 라이엘에게 편지를 썼다.

교수님은 언젠가 제가 다른 사람에게 기선을 빼앗길 것이라고 말씀하셨는데 그 말씀이 정말로 놀랍게도 실현되었습니다. 저는 이렇게까지 놀라운 우연의 일치를 본 적이 없습니다.

월리스의 시론은 사실상 다윈의 것과 같았으며 월리스가 자신의 논문 각 장에 붙인 제목까지 일치하고 있었다. 다윈은 말했다.

"월리스의 시론 중에는, 내가 1844년에 저술하여 후커(Sir Joseph Dalton Hooker, 1817년~1911년) 교수에 의해 낭독된 소론 가운데에 포함되어 있지 않은 것은 하나도 없다."

또 월리스가 언급하고 있는 것 중에는 다윈이 일찍이 한 미국인 교수에게 보낸 바 있는 별개의 새로운 해설에 포함되어 있지 않은 것도 없었다는 것이다.

그래서 다윈은 월리스의 시론에 대해 어떻게 대처할 것인지 라이엘과 후커에게 조언을 청했다. 왜냐하면 그 때까지만 해도 자신의 논문을 공표할 생각이 없었기 때문이다. 월리스가 자신한테 시론을 보나 온 이 마당에 다윈은 자신의 명예를 손상시키지 않고 자기 자신의 학설을 발표해도 좋은지를 물었다.

"그에게서나 다른 어떤 사람으로부터라도 제가 비열한 생각을 가지고 행동했다고 여겨진다면, 저는 차라리 저의 책을 불태워 버리고 싶은 심정입니다. 교수님들은 월리스가 저에게 이것을 보내 온 것이 제 손을 묶었다고 생각지 않으십니까. 만일 제가 이것을 발표한다면, 사람들은 월리스가 저에게 논문을 보내 왔기 때문에 제가 일반적 결론의 개요를 생각하게 되었다고 말할 것이 아니겠습니까."

라이엘과 후커 교수는 과학계 전반을 위하여 다윈과 월리스, 두 사람의 생각을 담은 공동 논문을 린네 학회에서 발표하기로 결정했다. 이 논문의 낭독은 당시에는 그다지 관심을 끌지 못하였으나, 그로부터 50년이 지난 1908년에 이르러 린네 학회 회장은 이것을 가리켜 의심할 것도 없이 우리학회가 설립된 이래 역사상 가장 큰 사건이라고 말하였다.

서로를 칭찬하다

다윈과 월리스는 서로 상대방의 연구를 칭찬했으며, 자신들의 우선권을 주장하여 시간을 낭비하는 일은 하지 않았다. 다윈은 월리스에게 이런 내용의 편지를 보냈다.

선생이 저의 책을 과부하게 칭찬해 준 데에 대해 얼마나 제가 감사하고 있는지를 말씀드리고 싶습니다. 평범한 사람이면 선생의 입장에 처했을 때 다소나마 원망이나 질투를 느꼈을 것입니다. 이러한 인류 공통의 약점이 선생에게는 고귀하게도 존재하지 않는 것 같습니다. 그러나 선생은 당신 자신에 관한 이야기를 할 때는 지나치게 겸손하십니다. 만일 선생께서 저 정도의 시간이 있었더라면 그 일은 제가 했던 것과 똑같을 정도로 잘 하셨을 것입니다. 아니, 오히려 저보다 더 멋지게 하셨을 테지요.

월리스도 다윈 못지않게 성실하였다. 그는 자신이 발견한 자연선택법칙의 중요성과 그 광범위함을 충분히 알고 있었는데도 다음과 같이 쓰고 있다.

여기서 나의 주장은 끝난다. 나는 다윈 선생이 나보다도 훨씬 오래 전부터 연구를 해 왔고, 《종의 기원》을 쓸 만한 능력이 나한테는 주어지지 않았던 점에 대해 지금껏 마음 속으로 불만스러워하지 않았으며, 그 심정은 지금도 여전하다. 나는 그 후 오랫동안 나의 능력을 살펴 왔기 때문에, 이 과제는 내가 다루기에 벅차다는 것을 잘 알고 있다. 다윈 선생이야말로 지금 살아 있는 모든 학자 가운데 그가 이룩한 연구 활동에 가장 적합한 인물인 것이다.

다 윈 설 에　대 한　반 론

20

인간— 원숭이의 자손인가
천사의 후손인가

헉 슬 리 · 윌 버 포 스 의　대 결

청 중 의　반 응

디 즈 레 일 리 의　공 격

로 마　교 황 , 진 화 론 을　인 정 하 다

앞에서 설명한 대로 1858년, 다윈과 월리스의 진화에 관한 공동 논문이 발표되었으나 거의 관심을 끌지 못하고 말았다. 그런데 다윈이 같은 내용을 상세하게 쓴 것을 출판하였을 때에는 그 반향이 전혀 달랐다. 그 책에는 길지만 적절한 표제가 붙어 있었다. '자연선택, 즉 생존 경쟁에 있어서 혜택 받은 종족이 보존되는 것에 의한 종의 기원에 관하여' 라는 것이다.

이 책은 흔히 《종의 기원》이라고 불리며 1859년에 초판이 발행되었다. 인쇄된 1,250부가 발행 당일 매진되었다는 소식을 듣고 누구보다도 놀란 사람은 다윈 자신이었다. 그 후 이 책은 추고와 정정을 거쳐 몇 판인가 계속 발행되었다.

이 《종의 기원》은 과학계에 대단한 선풍을 일으켰다. 그 양상은 다음과 같았다.

정치가와 은행가, 기술자, 시인, 철학자, 천문학자, 신학자, 역사가 등 실제로 모든 교양 있는 사람들은 다윈이 논한 문제에 관하여 의견을 표명할 의무가 있다고 느꼈다. 다윈의 주장은 곧 다위니즘 (Darwinism)이라고 불리게 되었고 이 호칭을 한편에서는 존경의 뜻으로, 다른 한편에서는 적의와 경멸의 의미로 이해했다.

이 책이 출판된 1859년까지는 거의 모든 교양인들이 '종의 불변'

을 믿고 있었다. 요컨대 현재의 동식물들은 천지 창조 때 만들어진 모습과 조금도 다를 것이 없으며, 근대의 인간도 육체적으로는 아담과 똑같고, 또한 오늘날의 원숭이는 신에 의해 창조된 최초의 원숭이와 하나도 다르지 않으며, 다른 생물들도 모두 그럴 것이라고 그들은 믿고 있었다. 그들은 또 모든 동물의 종류가 별개의 것으로 창조되었다는 성서의 기록을 그대로 받아들이고 있었다.

하느님께서는 물 속에서 우글거리는 온갖 물고기와 날아다니는 온갖 새들을 만들어 내셨다. (……) 이렇게 모든 들짐승과 집짐승, 땅 위를 기어다니는 길짐승을 만드셨다.

1859년 이전에 몇몇 과학자들이 이런 생각에 의문을 가졌지만 그들의 의견은 일반 사람들에게 거의 받아들여지지 않았으며, 실제로 다윈 자신도 젊었을 때는 '종의 불변'을 믿고 있었다. 이 장에서의 이야기는 주로 인간의 기원이란 문제에 국한하기로 한다.

다윈설에 대한 반론

한 저술가의 말을 빌리자면, 그 무렵의 많은 사람들은 다윈이 '아담과 이브를 한 쌍의 침팬지로 바꾸어 놓기를 바랐다.'고 하며, 또한 '사람이 원숭이로부터 태어났다.'는 말을 다윈이 주장한 것으로 믿고 있었다. 그러나 다윈이 가르친 것은 인간과 원숭이가 아득한 옛날 공통의 조상을 가졌었다는 것이었는데, 이와 같은 공통의 조상으로부터 태어난 자손 중의 어떤 무리는 서서히 그러나 점차 원숭이를 만들어 낼 수밖에 없는 변이를 이어받았으며, 다른 자손은 그것과는 다른 변이를 이어받아서 그 변이가 천천히 판이한 종류의 생물을 만들어 내어 결국 생물 중의 최고 형태인 인간에 도달하게 되었다는 것이다.

'원숭이의 자손' 이론을 경멸하는 사람들 말고도, 다윈에게는 별개의 근거를 가지고 그에게 강력히 반론하는 과학적 적대자들이 몇 사람 있었다. 그런가 하면 다윈에게는 또 몇 명의 강력한 지지자도 있었는데, 이들 사이의 격렬한 충돌이 마침내 1860년 옥스퍼드에서 일어났다. 이 때의 회합은 영국 과학 진흥 협회의 회동 중에서도 가장 유명한 사건 중 하나였다. 한쪽에는 다윈 학설의 열렬한 지지자인 헉슬리(Thomas Henry Huxley, 1825년~1895년) 교수가 있었고, 그의 상대는 옥스퍼드의 감독(가톨릭의 주교에 해당함.)인 윌버포스(Samuel Wilberforce, 1805년~1873년)였다. 그는 이 회의가 열리기 몇 달 전에 다윈의 책을 가리켜 '천박한 학자 티를 내는 낯두꺼운 수다쟁이의 농간' 이라고 크게 비난하고 있었다.

(헉슬리, 윌버포스의 대결)

회합은 7월의 어느 토요일에 행하여졌는데, 그 날은 미국의 드레이퍼 박사가 진화에 관한 논문을 발표하기로 되어 있던 날이었다. 금요일이 되자 옥스퍼드에는 감독이 다윈을 쳐부수기 위해 강연에 참석하리라는 소문이 퍼졌다.

　이 무렵에 다윈은 지병으로 앓고 있었는데, 흥분도 그의 건강에는 나쁘기 때문에 하루에 한두 시간밖에 일을 할 수 없을 때가 많았다. 그는 이 토요일의 회합에는 참석하지 않았으며 그 자리에서 어떤 이상한 일이 일어날지도 모른다는 것도 전혀 모르고 있었다. 그의 친구이자 지지자인 헉슬리도 마찬가지였는데, 마침 그는 여행을 떠날 준비를 하고 있었다. 그런데 윌버포스 감독이 '다윈 타도'에 나섰다는 소식을 듣자 여행을 취소하고 옥스퍼드에 머물면서 그와 싸우기로 마음먹었다.

　강연이 시작되기 훨씬 전부터 까맣게 모여든 군중이 강당을 꽉 메웠다. 그 뒤에 벌어진 일에 대해서는 다윈의 아들이 다음과 같이 기술하고 있다.

흥분된 분위기는 대단하였다. 토론을 위해 마련된 강당은 너무 좁아서 청중을 모두 수용할 수 없게 되자 회의장은 박물관의 도서실로 옮겨졌다. 그 곳은 싸움의 주인공이 등장하기 오래 전부터 숨막힐 정도로 많은 사람들이 모여 있었다. 아마 그 수효는 700명에서 1,000명쯤은 족히 되었을 것이다.

만일 그 때가 학기 중이었거나 아니면 일반 청중의 입장이 허락되었더라면 용맹한 감독의 연설을 듣고자 몰려드는 그 많은 군중을 수용하기란 도저히 불가능했을 것이다. 늦게 도착한 감독은 꽉 들어찬 청중을 헤치고 나아가 연단 위 자기 자리에 앉았고, 사회자를 사이에 두고 그 맞은편에는 헉슬리 교수가 앉아 있었다.

드레이퍼 박사가 진화에 관한 자신의 논문을 발표하고 난 뒤 감독은 지지자들로부터 박수갈채를 받으면서 일어섰다. 유감스럽게도 이 모임에 출석한 사람들 가운데 어느 한 사람도 그의 발언을 기록하고 있지 않았기에 그 자리에서 무슨 일이 벌어졌었는가에 대해서는 몇 가지 설이 있지만, 여하튼 감독은 연설 중에 일부 사람들이 어떻게 믿든 자신은 동물원의 원숭이가 자기 조상과 관계가 있다고는 절대로 믿지 않는다고 말했던 것만은 확실하다.

이어서 그는 헉슬리 교수쪽을 향해 이렇게 말하였다.

"당신은 원숭이와 인척 관계이신 모양인데 그것은 당신의 할아버지쪽이신가요? 아니면 할머니쪽이신가요?"

헉슬리는 이 말을 듣고 감독한테 호된 반격을 가할 좋은 기회라고 판단하였다. 해명을 하고자 일어서기에 앞서 그는 곁에 있는 사람에게, "주님은 그를 내 손에 넘겨주셨소이다."라고 속삭인 뒤 말문을 열었다.

"만일 누가 나에게 묻기를, 너는 지능이 낮고 등을 구부리고 걸으며, 사람들이 그 앞을 지나노라면 이빨을 드러내고 '끼익 끼익' 소리치는 불쌍한 짐승의 자손이 되겠는가, 아니면 귀하와 같이 큰 능력과 높은 지위를 누리면서도 그 막강한 힘을 겸허한 진리 탐구자의 명성을 말살시키는 데에 쓰는 사람의 자손이 되겠는가 하고 묻는다면 나는 어떻게 대답해야 할지 망설이게 됩니다."

청중의 반응

탁웰(W. Tuckwell)은 《옥스퍼드의 회상》이란 책에서 그 뒤에 일어난 일을 다음과 같이 기록하고 있다.

헉슬리가 자리에 앉자 흥분은 격렬해지고 긴장과 전율감이 강당을 가득 메웠다. 과학자들은 불안감을 느꼈고 정통파는 노발대발했다. 군중의 환호 속에서 창문의 돌출부에 앉아 흰 손수건을 허공에 흔들고 있던 부인들의 모습이 인상적이었는데, 그 중 한 사람은 기절하고 밖으로 실려 나가야 했다. 몸집이 뚱뚱한 한 남자가 일어나 겉장이 파란 책을 들고는 손바닥에 탁탁 치면서 연설을 시작했다. 그는 자신이 자연과학자가 아니고 통계학자이지만, 만일 다윈의 이론이 증명되는 것이라면 이 세상에 증명 못할 것은 하나도 없으리라고 하였다. 그러자 화가 난 청중 속의 한 사람이 이 회합에서 지금 통계학을 논하는 것은 적당하지 않다고 고함을 지르자, 그 뚱뚱한 사나이는 뭐라고 한바탕 항의하면서 퇴장하고 말았다.

회의가 다시 시작되는가 싶었는데 아니나다를까 한 막의 희극이 더 남아 있었다. 연단 뒤에서 목사 같은 신사가 나타나더니 칠판 양쪽 끝

인간은
어느 쪽의
후손일까

에 분필로 두 개의 십자 모양을 그려 놓고 마치 자기가 한 일에 감탄이라도 하듯 그것을 손가락으로 가리키면서 다음과 같이 증명하기 시작했다.

"이쪽 십자 모양을 사람이라 하고, 저쪽의 십자 모양을 원숭이라고 한다면……."

이 때 청중이 일제히 "원숭이!" 하고 소리쳤기 때문에 그는 더 이상 말을 이어가지 못했다. 그 자리에 모여 있던 사람들 모두가 갑자기 하는 짓이 너무 어이없음을 깨달았는지 회의장이 떠나갈 듯 큰 폭소가 터져 나왔다. 의미 없는 웃음이 언제나 그렇듯 이 폭소는 계속 이어졌으며 문제의 그와 칠판도 잠잠히 퇴장하여 우리는 그의 모습을 다시는 볼 수 없었다.

이어서 감독이 자기는 헉슬리 교수의 감정을 상하게 할 생각은 없었다고 변명하면서 농담을 하려고 애쓰자 청중들은 웃었다. 그래서 그는 힘을 얻어 '동물원 안에 있는 존경할 만한 원숭이'에 관하여 농담을 계속했다. 그 뒤로도 거센 발언과 격렬한 논쟁이 계속되었는데, 그런 중에서 젊은이들은 다윈을 편들었고, 나이든 사람들은 그를 반대하였다. 후커는 열렬한 지지자들을 이끌었고 벤자민 브로이 경은 불만자들의 리더가 되었다. 이 논쟁은 저녁식사 시간이 가까워질 때까지 계속되었다.

디즈레일리의 공격

다윈의 이론에 대한 종교적 이유의 공격은 여러 해 동안 계속되었다. 그러나 다윈 자신조차 "왜 이러한 생각이 사람들의 종교 감정을 자극하게 되었는지 그 이유를 잘 알 수 없었다"고 한다. 실제로 그는 유명한 저술가인 찰스 킹즐리(Charles kingsley)가 쓴 다음과 같은 의견에 찬성하였다.

"신이 다른 유용한 형태로 자기 발전을 하는 능력을 가진 소수의 원시 형태를 창조하였다고 믿는 것은, 신이 자신의 법칙에 의해 생긴 공허를 충족시키기 위해 새로운 창조 행위를 필요로 했다고 ▪ 믿는 것과 똑같을 정도로 신에 대한 고상한 관념인 것이다."

1864년 장차 영국 수상이 될 사람이 다위니즘에 대한 공격에 가담하였다. 그는 후에 비컨스필드 백작이 된 디즈레일리(Benjiamin Disraeli, 1804년~1881년)로, 월버포스 감독이 사회를 본 어느 모임에서 연설을 하였다. 디즈레일리는 훌륭한 정치가였을 뿐만 아니라, 그리스도 교의 신앙을 굳건히 옹호한 사람이었다.

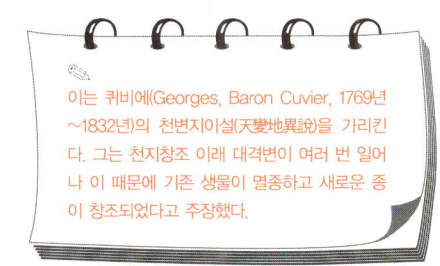

이는 퀴비에(Georges, Baron Cuvier, 1769년 ~1832년)의 천변지이설(天變地異說)을 가리킨다. 그는 천지창조 이래 대격변이 여러 번 일어나 이 때문에 기존 생물이 멸종하고 새로운 종이 창조되었다고 주장했다.

그는 연설에서 과학자는 물론 자신과 견해를 달리하는 같은 그리스도 교인조차도 일체 용납하지 않았다. 그리고 다음과 같은 질문을 던졌다.

"지금 우리 사회가 당면한, 의심할 것도 없이 가장 놀라운 의문은 무엇이겠습니까? 그것은 '인간이 원숭이인가 아니면 천사인가?' 하는 의문입니다. 나는 천사의 편을 들겠습니다. 이와 대립되는 견해를 나는 분노와 혐오로써 거부하는 바입니다."

다윈은 이 장의 첫머리에서 말한 대로 인간이 원숭이의 자손이라고는 역설하지 않았다. 디즈레일리는 분명 천사가 영적, 초자연적인 존재이기 때문에 지상의 자손을 갖지 않았음을 알고 있었을 것이다. 어쩌면 그는 미사여구를 쓰고자 애쓴 나머지 인간의 육신이 신의 능력에 의해 특별히 창조된 까닭에, 사람과 하등 동물과는 아무런 혈통 관계가 없다는 확신을 되도록이면 강력히 ― 두운(頭韻)과 과장 표현을

천사의 angel과 원숭이의 ape는 다같이 두운을 가지고 있다.

써서라도 ▪ —주장하고 싶었을지 모른다. 분명코 디즈레일리는, 인간의 육신이 '신 자신의 법칙에 따라 보다 하등한 형태로부터 점점 발전되었을 가능성은 성서의 가르침에서도 부정된 것이 아님'을 인식하지 못하고 있었다.

1894년 영국 과학 진흥 협회는 옥스퍼드에서 회합을 가졌다. 헉슬리가 생애를 마치기 바로 전의 일이었다. 옥스퍼드 대학의 명예 총장이 회장 자격으로 "오늘날 이성을 가진 인간으로서 진화론에 이의를 제의하는 사람은 하나도 없다."고 연설하였다. 헉슬리 교수는 앞서 가졌던 회합에서 일어난 그 유명한 사건을 회상하여 다음과 같이 썼다.

내가 그 곳에 앉아, 34년 전 옥스퍼드의 감독이 공공연하게 저주한 그 학설을, 오늘날 옥스퍼드의 명예 총장이 당연한 것처럼 인정하는 말을 듣는다는 것이 참으로 나에게는 기이한 느낌이 들었다.

로마 교황, 진화론을 인정하다

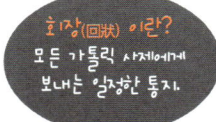

회장(回狀) 이란? 모든 가톨릭 사제에게 보내는 일정한 통지.

1950년 로마 교황 비오 13세는 **회장**을 보내면서 진화론에 대해 다음과 같은 지시를 하였다.

창세기에 나오는 창조에 관한 여러 설명은 신의 영감을 받은 것이기는 하되, 전혀 교육을 받지 못한 사람들도 그것을 읽으면 의미를 이해할 수 있도록 씌어졌고, 창세기의 각 장은 인류가 어떻게 해서 태어났는지 상징적으로 묘사되어 씌어졌다. 그러나 창조 때에 일어난 일을 과학적으로 엄밀히 설명한 것으로 받아들일 것은 아니다.

또한 이 회장은 이렇게 강조하고 있다.

모든 가톨릭 신자들은 이제까지 이루어진 여러 발견이나 이에 근거한 논의에 의해, 인체가 그 이전에 존재한 다른 생물로부터 발전되었다는 것이 충분히 증명되었던 것처럼 이 문제를 취급하는 일은 신중하게 피하지 않으면 안 된다.

이리하여 교회의 가르침은 진화론의 고찰을 이미 존재하였던 생물로부터 인체의 발전에 한정하는 한 미해결의 문제로 남는다. 그러나 사람의 영혼은 신이 몸소 창조한 것이다.

식인목 이야기

21

마다가스카르의 식인목

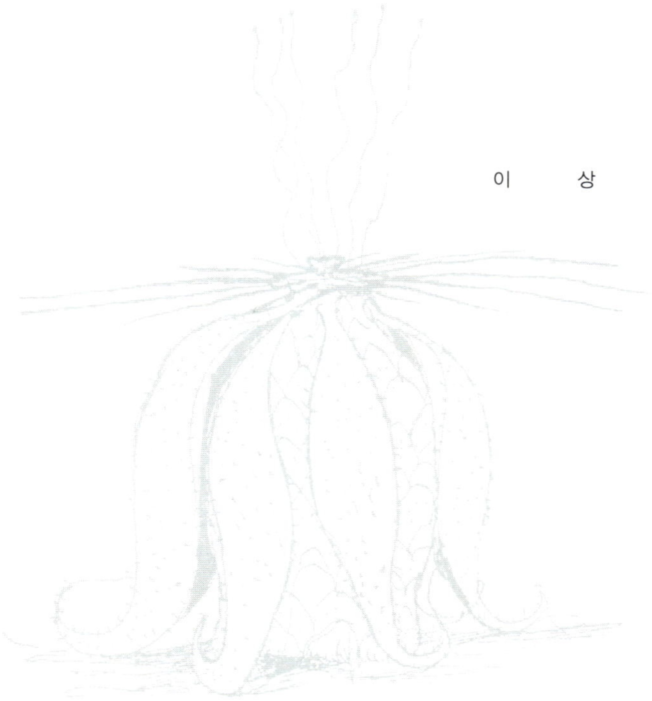

이상한 나무들

식충 식물에서 힌트를 얻다

식인목 이야기

1878년에 칼 리슈(Carle Liche) 박사라는 사람이 고국에 편지를 보내면서 마다가스카르(Madagascar)에서 발견하였다는 기묘한 나무 이야기를 써 보냈다. 마다가스카르는 아프리카 남동쪽 해안으로부터 480km 가량 떨어진 인도양에 위치한 큰 섬이다.

그가 발견한 것은 사람을 일단 죽이고 나서 그것을 먹어치우는 나무였다. 그의 편지는 독일의 카를스루에서 발행되는 한 과학 잡지에 발표되었는데, 일반 대중뿐만 아니라 일부 과학자들에게도 센세이션을 불러일으켰으며, 이 잡지에서 발췌된 기사는 다른 여러 나라의 잡지에 실리기도 하였다. 편지의 내용을 요약하면 다음과 같다.

마다가스카르의 한 삼림 지대에는 원시 종족인 무코도스 족이 살고 있다. 그들은 석회암 언덕에 뚫은 동굴 속에 살며, 벌거벗고 다니고, 신성한 나무를 섬기는 일 외에는 아무 종교도 가지고 있지 않았다. 세계에서 가장 몸집이 작은 종족 중 하나로, 성인 남자의 키가 140cm에 이르는 사람이 거의 없다.
우리는 계곡에서 지름 1.6km 가량의 커다란 호수를 만났다. 남쪽 길은 근접하기 힘들었고 얼핏 보기에도 빠져나갈 수 없을 듯한 숲 속으로 통하고 있었다. 나의 고용인 헨드릭이 선두에 서서 길을 헤쳐 나갔고 나는 그 뒤를 바짝 따라갔다. 내 뒤에는 무코도스 족의 남여 아이들이 구경삼아 뒤따르고 있었다. 그런데 갑자기 원주민들이 일제히 '테페테페' 하고 소리치기 시작하였다. 헨드릭은 곧 걸음을 멈추고 '보세요. 저것 좀 보세요.' 하면서 눈 앞의 빈 터를 가리켰다. 거기에는 매우 이상하게 생긴 나무가 서 있었다.

그 나무의 줄기는 거대한 파인애플을 닮았으며, 높이는 2m나 되었다. 윗부분에는 지름 60cm 가량 되는 갓 모양의 것이 얹혀져 있었는데, 그 가장자리로부터 초록빛을 띤 여덟 개의 잎이 규칙적인 간격으로 뻗어 있었다. 잎의 길이는 각각 3.3m에서 3.6m 가량 되었고, 가장 굵은 부분의 두께는 60cm, 폭은 90cm나 되었다. 그것은 밑으로 처져서 흐물흐물했는데, 얼핏 보기에 살아있는 것 같지 않았다. 잎의 맨 끝부분은 한 줄기로 되어 있었고, 쇠뿔처럼 예리하였으며, 땅 위에 널려 있었다. 잎 표면은 가시로 덮여 있었는데, 마치 티끌의 열매—모직물의 털을 세우는 데 쓰는—와 비슷했다.

나무줄기의 맨 꼭대기에는 찻잔 모양의 돌기가 있었고, 그 밑은 큰 널빤지 같은 접시 모양을 하고 있었다. 그 곳에는 밑바닥에서부터 스며나온 투명한 꿀 같은 달콤한 액이 들어있는데, 이것을 마시면 처음에는 취하다가 나중에는 졸음이 왔다. 털이 나 있는 초록색 곱슬수염—길이는 2.4m이며 가장 굵은 곳의 지름은 약 10cm—여러 개가 큰 널빤지의 가장자리 밑에서부터 수평으로 뻗어 있었다. 이것들은 쇠막대처럼 단단하였는데, 이 막대 위에는 투명할 정도로 희고 가느다란 여섯 개의 줄기 — 높이 1.55m에서 1.8m 가량 — 가 찻잔 모양의 돌기와 널빤지 사이에 돋아 있었다. 이것들은 곧장 위로 뻗어 있었으며 껍질은 벗겨져 있는데도 꼬리로 서 있는 뱀 모양으로 계속 뒤틀리고 꿈틀거리며 흔들리고 있었다.

탐험대 일행이 도착했을 때는 마침 희생을 바치는 의식이 시작될 무렵이었다. 의식은 높은 목소리로 부르는 성가로 시작되었는데, 그것은 나무의 신을 즐겁게 하기 위한 것이었다. 곧 미친 듯한 고함과 한층 높은 합창이 울려 퍼졌고, 사람들은 희생될 여인을 창 끝으로 찌르면서 나무가 있는 곳까지 몰아세웠다. 그들은 그 여인을 억지로 나무에 오르게 하여 널빤지 위에 서게 하였다. 가느다란 자루가 휘청휘청 움직여서 그녀의 둘레를 휘감는 동안 남자들은 '타이크, 타이크(마셔라, 마셔.)'라고 소리쳤다.

그녀는 찻잔에 괴어 있는 액체를 마셨다. 그러자 그녀는 얼굴에 격한 빛을 띄우고 발을 부들부들 떨면서 일어섰다. 그녀는 아래로 뛰어내릴 것처럼 보였으나 그러지는 않았다. 아니, 그럴 수조차 없었다. 그 때까지 조금도 움직이지 않고 죽은 것 같던 그 식인목이 갑자기 난폭한 생명력을 도찾은 것이다. 가늘고 흰 줄기는 굶주린 뱀처럼 포악하게 그녀의 머리 위에서 몸을 떨고는 여인의 목과 팔을 몇 겹으로 휘감았다. 이 때 긴 초록색 곱슬수염은 기민하게 하나씩 하나씩 몸을 쳐들그서 그녀의 몸에 감겼다. 길고 굵은 잎 하나하나가 서서히 일어나

225

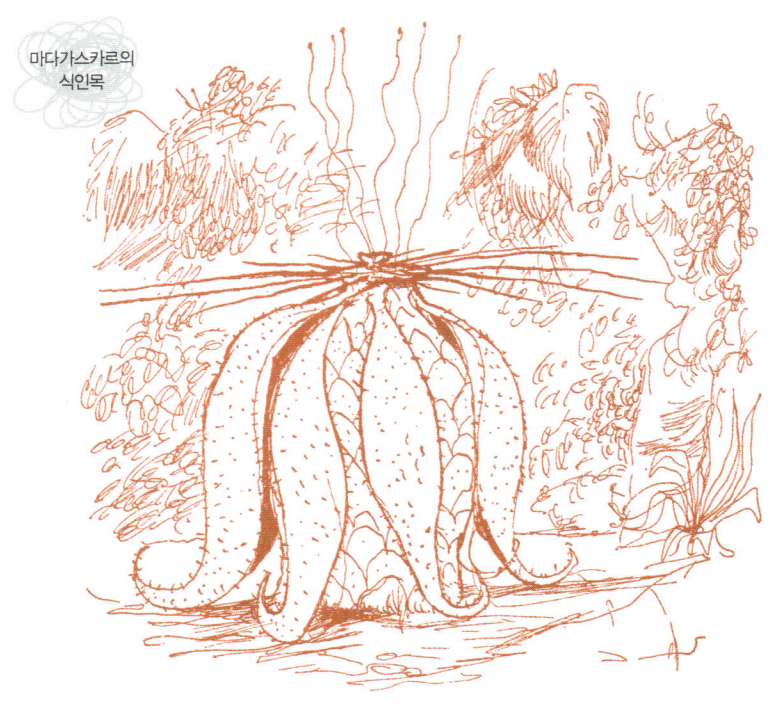
마다가스카르의
식인목

여자를 향해 차츰 움직이더니 그녀의 몸을 완전히 감싸고 말았다.

　나무가 그녀를 삼킨 것이다. 이로써 희생의 봉헌은 끝났다. 그 후 남자들은 나무의 답례를 기다렸다. 그 일은 곧바로 이루어졌다. 나무 줄기를 따라 꿀 같은 투명한 단물이 방울져 떨어졌다. 이것을 보자 야만인 무리는 나무줄기로 달려들어 부둥켜안고 나뭇잎이나 손바닥, 혀를 이용하여 저마다 그 액체를 실컷 마셨다. 액체는 그들을 흥분시키고 미치게 만들었다. 마침내 음산하고도 이루 말할 수 없는 난잡한 주

정뱅이들의 광견이 시작되었다. 헨드릭은 황급하게 나를 잡아끌고 숲 속으로 들어가 난폭한 그들의 눈에 띄지 않게 숨겨 주었다. 리슈 박사는 이렇게 말하고 있다.

"열흘이 지나자 나무는 정상적인 상태로 돌아갔다. 희생자의 모습은 흔적도 없이 사라졌고 나무 꼭대기에 있는 그릇에는 다시 액체가 채워졌으며 여인의 흰 두개골 하나가 나무 밑둥 아래에 뒹굴고 있었다."

이상한 나무들

이처럼 이상한 나무가 발견되었다는 보고는 사실 터무니없는 헛소문이었는데 웅케도 적당한 시기에 발표되었기 때문에 수많은 사람들을 속일 수가 있었다.

19세기 중반이 되자 선교사나 여행자 외에도 많은 생물학자들이 이상한 식물과 동물의 이야기를 발표하였다. 이와 같이 기묘한 동식물들은 아프리카뿐만 아니라 아마존 지방이나 그 밖의 열대 지방 밀림에서도 발견되고 있었다. 그렇기 때문에 그 당시에는 아직 충분히 탐험되지 않았던 마다가스카르에 기묘한 식물이 자라서는 안 될 이유도 없었던 것이다. 실제로 마다가스카르에서 발견된 몇 가지 이상한 나무에 관한 보고가 본국으로 전해졌기 때문에 이 섬에 그런 나무가 전혀 없으리라고 아무도 의심하지 않았다.

예컨대 '행인의 나무'라고 불리는 것이 소개되었는데, 이 나무는 키가 몹시 크고 꼭대기에 바나나 잎과 비슷한 잎사귀가 부채꼴로 퍼져 있어서 볼품 있는 갓 모양을 이루고 있다. 이 갓의 한 가운데는 얇은 접시처럼 패어 있고, 그 속에는 차갑고 투명한 물이 고여 있었다. 그래서 목마른 여행자들은 이 나무에 기어올라 고인 물을 마시고 기운을 되찾았다.

이 섬에서 또 하나 유명한 식물은 탕기니아(tanginia)라는 나무였다. 이것은 관목 정도의 작고 잘생긴 나무로, 보라색의 큰 **핵과**가 달린다. 이 씨에는 맹독이 들어 있는데 가루로 만들면 씨 하나로 20명을 죽일 수 있을 정도이다. 이 독은 원주민들이 마법을 쓴 혐의로 잡힌 사람을 재판할 때에 쓰였다. 재판은 이른바 '시련에 의한 재판'인데 심문이 행해지는 사이에 탕기니아나무의 씨를 곱게 빻아 가루로 만든다. 이것을 '탕게아'라고 하며 피고는 그 한 알을 먹어야 하는데 만약 피고가 그것을 토해서 아무런 해를 입지 않으면 마법을 쓴 혐의는 벗겨지고 무죄가 되지만, 탕게아를 먹고 죽으면 그의 유죄는 죽음으로 명백히 증명되는 것이다.

핵과(核果)란?
속에 큰 씨를 가진 열매.
복숭아, 살구 따위를 말한다.

식충 식물에서 얻은 힌트

사람들이 이 말을 처음부터 의심하지 않은 까닭은 곤충이나 작은 동물을 잡아먹는 식물이 몇 종 있다는 것을 알고 있었기 때문이었다. 이 문제에 관한 한 권의 책이 1875년에—즉 사람을 잡아먹는 나무가 발견되기 3년 전—에 출판되었는데 그것은 더구나 유명한 자연과학자 찰스 다윈이 쓴 것이었다. 이 책은 남들이 전부터 관찰한 것을 확증하였다. 다시 말해 유럽에서도 자라고 있는 어떤 식물은 자연의 정상적인 과정을 정면으로 거슬러 동물을 먹고 살았다. 이러한 식물은 곤충을 함정에 빠뜨려 잡아먹었기 때문에 '식충 식물'이라고 일컬었다. 또 척추동물까지 잡아먹는 것은 '식육 식물'이라 불리기도 한다.

다윈이 이러한 식물에 주목하게 된 것은 다음과 같은 우연한 관찰이 계기가 되었다.

1860년 여름, 나는 햇필드 근처를 산책하다가 잠시 쉬고 있었다. 그곳에는 두 종류의 '끈끈이주걱'이 많이 자라고 있었고, 많은 곤충들이 그 잎사귀에 잡혀 있었다. 나는 이 식물을 몇 포기 집으로 갖고 돌아와 관찰해 보았더니, 곤충을 줄 때마다 촉수(觸手)가 움직이는 것을 알아냈다. 이와 같은 현상은 식물이 어떤 특수한 목적을 가지고 곤충을 잡는 것 같다는 생각이 들었다.

그리하여 끈끈이주걱이라든가 이와 비슷한 식물을 연구하는 일이 다윈의 취미가 되어 버렸는데 그는 이렇게 쓰고 있다.

나는 끈끈이주걱이 곤충을 잡는 과정을 관찰하는 것을 즐겼다. 잎에 유혹된 곤충이 일단 그 위에 올라앉게 되면 그 순간 끈끈한 분비물 때문에 붙어 버린다. 그 다음 기묘한 파상 운동에 따라 곤충은 잎 중앙으로 옮겨지고 식물의 즙 속에 15분 가량 잠기게 된다. 그러면 곤충의 몸체는 점점 녹아 대부분이 식물에 흡수되고 만다.

또 하나의 식충 식물인 '파리지옥'도 그 무렵 세상에 알려졌다. 파리지옥의 잎은 두 개의 엽편(葉片)으로 되어 있는데 경첩과 같은 모양으로 붙어 있으며, 바깥쪽의 가장자리부터는 쇠꼬챙이 같은 가시가 솟아 있다. 엽편의 표면에는 세 개의 털이 달려 있는데 곤충이 이것에 닿으면 두 개의 엽편이 마치 경첩 달린 문처럼 갑자기 탁 닫히면서 곤충을 잡아들인다.

'털제비꽃'은 끈끈하고 두꺼운 잎이 땅에 거의 닿을 정도로 속생(續生)한다. 작은 곤충이 잎에 앉으면 잎의 가장자리가 말리면서 곤충을 말아 질식시킨다.

'통발'이라는 수초는 잎에 작은 주머니가 많이 달려 있는데 그 주머니의 작은 입구에는 막이 장치되어 있다. 물에 사는 작은 벌레가 이 잎의 주머니로 헤엄쳐 와 막을 밀고 주머니 속으로 들어오면 곧 막이 닫히고, 벌레는 도망칠 수 없게 되어 질식해 버린다.

이 식물들이 유럽 전역에 자생하고 있다는 사실이 일반적으로 알려져 있었기 때문에, 사람들은 열대에는 훨씬 더 큰 식충 식물이 있으리라 추측했다.

'꿀풀'의 몇 가지 변종도 있었다. 그 중 하나는 꼭대기에 두꺼운 테가 달린, 길이가 30cm나 되는 주머니꼴의 잎을 가지고 있었다. 이 주머니는 깔대기처럼 밑으로 갈수록 가늘어져 그 아래 끝은 바늘같이 예리했으며 주머니 안쪽에는 굽은 갈퀴바늘이 줄지어 있어서 작은 새라도 그 속에 떨어지면 도망칠 수 없을 만큼 강했다.

중앙아프리카의 밀림 속에서 찾아 낸 불가사의한 거대 식물 이야기의 도움을 빌린다면, 공상 속에서 식충 식물의 덫은 얼마든지 크게 만들 수 있는 일이며, 한 여자를 잡아먹을 만큼 큰 덫을 생각해 내는 것도 상상력과 약간의 여유만 있으면 충분한 것이다.

찰스 다윈은 식인목 이야기에 대해 다음과 같이 고백하였다.

첫 대목에서는 그다지 이상한 데가 없다고 생각했다. 나는 마다가스카르의 풍자를 진지하게 읽기 시작했고, 희생 의식이 등장할 때까지도 나의 머리 속에는 의심쩍은 생각이 떠오르지 않았다. 그리고 여자 이야기가 나올 때까지도 그것이 꾸며 낸 이야기라는 것을 알아차리지 못했다.

이 이야기는 20세기에 와서도 몇 번이나 되풀이되어 전해졌고, 한 미국의 식물학자는 이렇게 비평하였다.

이 이야기 전체는 센세이션을 일으키기를 바라는 일반인 기자, 또는 원예 관계자들이 생각하고 있던 열병적인 공상에서 태어난 것이다.

22

살아 있는 생물들의
복잡한 관계

　　　　찰스 다윈은 《종의 기원》에서 생물은 서로 다른 생물에 의존하면서 살아 가고 있다고 말하면서, 고양이와 토끼풀이 복잡한 관계망에 따라 서로 연관되어 있는 사례를 예로 들었다.

　　토끼풀은 호박벌이 즐겨 찾는 풀인데 다른 벌은 이 꽃의 꿀샘에는 입이 미치지 않는다고 다윈은 말하고 있다. 여느 벌의 혀는 호박벌만큼 길지 않기 때문이다. 토끼풀의 꽃은 작은 꽃들이 밀생하는 상태로 자라는데, 꿀샘은 작은 꽃의 수술 하단에 하나하나 붙어 있다.

　　벌이 혀를 꿀샘 속으로 머리를 들이밀 때, 벌은 끈끈한 암술머리에 허리를 비비게 된다. 벌의 허리에는 대개 앞서 찾았던 다른 토끼풀의 꽃가루가 묻어 있어서, 그 중의 소량이 암술머리에 달라붙는 수가 많다. 그렇게 되면 그 꽃은 수분을 하게 되고 뒤이어 수정이 이루어지며 씨앗이 자라게 된다. 이런 사실로 말미암아 다윈은 다음과 같이 믿게 되었다.

만일 온갖 종류의 호박벌이 전멸한다든가 아니면 그 수가 몹시 줄어들면 토끼풀도 매우 적어지든가 모두 자취를 감추게 되는 일이 있을 법하다.

233

호박벌은 사회성이 강한 곤충이어서 가족들과 함께 살아간다. 한 가족의 구성원은 모두 같은 한 마리 여왕벌의 자식들이다. 늦봄에 여왕벌은 기나긴 겨울잠에서 깨어나 벌집을 만들기에 적합한 장소를 찾는다.

보통 숲 속이나 울타리 밑을 뒤져서 빈 들쥐구멍을 찾아 낸다. 어떤 종류의 호박벌 여왕은 그 구멍에 마른 잎이나 건초를 깔아 벌집을 만든다. 그리고는 밀랍으로 꿀단지를 만들고 그 속에 꿀을 가득 채운다. 그리고 여왕벌은 더 작은 단지들을 만들고 그 속에 알을 낳는다. 알은 작은 애벌레가 되고 꿀과 꽃가루를 먹고 자라며 최초의 껍질을 벗게 될 때쯤 그 밑에는 벌써 새로운 껍질이 자라고 있다. 마침내 애벌레는 주위에 번데기 집을 짜고 그 속에서 번데기로 변한다. 그러다가 어른 벌이 되어 번데기 집을 찢고 밖으로 나온다.

여왕벌은 이어서 두 번째의 알을 낳는다. 이 무렵이 되면 최초의 알에서 자란 일벌의 무리가 부지런히 일을 하여 착실하게 꿀을 저장하는데 새로 태어난 애벌레는 이것을 먹고 자란다. 그 뒤 세 번째의 알을 낳고 이것이 다시 몇 번이고 거듭되어 벌집이 가득 찰 때까지 계속된다.

다음 그림의 왼쪽 밑은 호박벌의 땅 속 벌집의 단면인데 꿀단지, 얇은 밀랍 주머니에 든 애벌레, 낡은 번데기 집 따위가 보인다. 달콤한 벌꿀, 살찐 애벌레 따위와 같은 아주 멋진 먹이는 들쥐에 의해 쉽사리 습격되고 약탈된다. 이렇듯 애벌레들이 무참히 살육되는 일을 고찰한 다윈은 다음과 같이 믿게 되었다.

쥐와 벌집,
고양이와
노처녀

일정한 지역에 사는 호박벌의 수는 그 벌집을 파괴하는 들쥐의 수요에 따라 크게 좌우된다. 그러나 들쥐의 수는 고양이의 수에 의해 크게 좌우된다. 따라서 어떤 지역에 고양이과에 속하는 동물이 많이 존재한다는 것이 우선 쥐를, 다음에는 벌을 중개로 하여 그 지역의 어떤 꽃의 수를 결정할 수도 있다는 것은 충분히 믿을 만한 일이다.

훗날 그의 친구인 헉슬리 교수는 어떤 강연에서 다음과 같이 '얼핏 생각난 일'을 피력하였다. 그것은 어쩌면 이 문제의 품위를 다소 떨어뜨리는 것이 되겠지만, 다시 한 발자국 물러서 생각해 보면 노처녀(old maids)도 또한 호박벌의 간접적인 친구요, 들쥐들의 간접적인 적이라고 할 수 있을 것이다. 왜냐하면 노처녀들은 대개 들쥐를 잡아먹는 고양이를 기르고 있기 때문이다.

빅토리아 시대에 살던 어떤 이는 '별은 면양의 뒤를 쫓는다.' 는 시골에서 전해지는 속담을 염두에 두었는지 이 논의를 다시 일보 전진시켰다. 그는 영국의 병사들에게 양고기가 식사 때마다 잔뜩 제공된다고 가정하였는데 여기서 논의를 처음부터 끝까지 정리하자면 다음과 같이 된다.

영국 병사들의 단단한 근육은 질 좋은 양고기를 먹는 데서 만들어진다. 토끼풀을 먹고 자란 면양에서는 가장 질 좋은 양고기가 나오게 된다. 토끼풀은 호박벌이 많은 곳에 잘 자란다. 호박벌은 들쥐들이 적은 곳에 많다.

들쥐는 고양이가 많은 곳에는 적을 수밖에 없다. 또 고양이는 노처녀가 많이 살고 있는 곳에 가장 많다. 이렇게 되고 보면 영국 병사의 근육과 노처녀의 수와는 어떤 관련이 있게 되는 것이다.

쉽다. 그리고 너무너무 재미있다. 추리 소설이나 연애 소설만이 재미있다는 통설을 이 책은 한꺼번에 뒤집는다. 과학이라면 왠지 딱딱하고 어려운 것이라는 우리의 편견이 얼마나 잘못된 것인지를, 실험이나 화학 공식만이 과학의 전부일 거라는 우리의 왜곡된 상식을 《청소년을 위한 케임브리지 과학사》는 바로잡아 준다.

"그래도 지구는 돈다." 늙은 갈릴레이가 종교 재판을 받은 뒤에 중얼거렸다는 이 유명한 말에 숨은 일화, 만유인력을 발견한 뉴턴의 사과나무 이야기는 정사(正史)가 아니라는 사실, 그 밖에 실험실에서 있었던 일화, 인류 역사를 바꾼 뜻밖의 발견들……. 그 모든 과학의 역사에 숨겨진 뒷얘기들을 이 책은 담고 있다.

그러나 재미만 있는 책은 아니다. 종교 개혁의 선구자였던 루터나 칼뱅이 지동설의 맹렬한 공격자였다는 이야기와 원자 폭탄을 둘러싼 이야기를 통해 과학의 역사가 단지 찬사와 축복만으로 이루어진 것이 아니라, 무지와 권력과 보수적 질서와의 완강한 싸움을 통해 스스로의 미래를 열어 온 것임을 가르쳐 준다. 그리고 진리에의 갈증을 풀기 위하여 일생을 연구에 몰두하는 과학자들의 삶과 신념을 통해 올바른 인생에 더한 교훈을 일깨워 준다.

이 책은 교과서에 나오지 않는 이야기를 통해서 교실 밖의 진지한 과학 교사가 되어 주고, 과학 공부에 싫증을 내는 학생들에게 학습 의욕을 북돋워 준다. 과학사에 있어서 중요한 일화나 유명한 말을 설명할 때, 실제로 그런 일이 그 당시 어떤 사회적 상황에서 일어난 일인지, 정확한 진상은 무엇인지, 만약 허황된 와전이라면 그 경위는 어떠한 것인지 정확하게 설명해 준다. 과학 · 기술사의 오류를 수정하여 진실을 복원시켜 낸 것은 지은이의 노력과 희생이 있었기에 가능한 것이었다.

그렇기에 이 책은 누구나 읽어도 좋다. 과학 과목에 흥미를 잃은 학생, 학부모, 또 지은이와 같이 수업 내용을 풍부히 하고 싶어 하는 교사, 과학 기술직에 종사하고 있는 직장인, 그리고 삶의 질을 풍부히 하고 폭넓은 교양을 얻고자 하는 일반인, 그 어느 누구에게라도 권하고 싶은 책이다. 특히 청소년을 위한 과학서로서 적극적으로 추천하고 싶다.

　이 책을 번역하게 된 동기도 과학 교육과 보급의 현장에서 이보다도 더 절실한 책은 없을 거라는 생각에서였다. 과학의 지평을 넓히는 데 이보다 더 적절한 책은 아직 발견하지 못했기에 더더욱 보람을 느낀다. 옮기는 데도 특별한 어려움은 없었다. 그리고 독자들의 이해를 높이기 위해 가급적 쉬운 용어로 풀어 쓰고 또 설명이나 주(註)도 성실히 달았다.

　끝으로 이 책을 출판하는 데 힘을 실어 주신 출판사 관계자 여러분의 노고에 심심한 고마움을 전한다.

조경철